上海市建筑标准设计

地下工程中空层排水及渗漏观察构造

DBJT 08—129—2020

图集号：2020 沪 S205

同济大学出版社

2020 上海

图书在版编目（CIP）数据

地下工程中空层排水及渗漏观察构造 / 华东建筑设计研究院有限公司主编 . -- 上海：同济大学出版社，2020.11

ISBN 978-7-5608-9417-1

Ⅰ . ①地… Ⅱ . ①华… Ⅲ . ①地下工程－建筑排水②地下工程－建筑防水 Ⅳ . ① TU94

中国版本图书馆 CIP 数据核字（2020）第 216764 号

地下工程中空层排水及渗漏观察构造

华东建筑设计研究院有限公司　主编

策划编辑　张平官

责任编辑　朱　勇

责任校对　徐春莲

封面设计　陈益平

出版发行　同济大学出版社　www.tongjipress.com.cn

（地址：上海市四平路 1239 号　邮编：200092　电话：021-65985622）

经　　销　全国各地新华书店

印　　刷　常熟市大宏印刷有限公司

开　　本　787mm × 1092mm　1/16

印　　张　2.75

字　　数　690 000

版　　次　2020 年 11 月第 1 版　　2020 年 11 月第 1 次印刷

书　　号　ISBN 978-7-5608-9417-1

定　　价　25.00 元

上海市住房和城乡建设管理委员会文件

沪建标定〔2020〕205号

上海市住房和城乡建设管理委员会
关于批准《地下工程中空层排水及渗漏观察构造》为上海市建筑标准设计的通知

各有关单位：

由华东建筑设计研究有限公司主编的《地下工程中空层排水及渗漏观察构造》，经审核，现批准为上海市建筑标准设计，统一编号为DBJT 08—129—2020，图集号2020沪S205，自2020年10月1日起实施。

本标准设计由上海市住房和城乡建设管理委员会负责管理，华东建筑设计研究有限公司负责解释。

特此通知。

上海市住房和城乡建设管理委员会

二〇二〇年四月二十六日

《地下工程中空层排水及渗漏观察构造》编审名单

编制组负责人：瞿　燕

编制组成员：金　骞　邹新建　古小英　陈　湛　孙　晔　李　洋　贾京涛　李　扬　邹敏珠　张　艳
王　翔　李济南　赵　郁　毕敬媛　潘心怡　韩瑨玚　赵　江　马泽峰　张华锋　方　林
黄　伟　郭晓燕　杨　敏　李　婧　任冬生　陈丰弘　王梦琪　洪卓尔　陈鹏峰　高　虹
时俊霞　徐文炜　黄先岳　马新华　邱　维

审查组长：程之春

审查组成员：朱祖熹　王宝海　蔡亦龙　苑素娥　王献心　姜世峰　徐　凤　汪　崖　包子翰　张　婵
孙大鹏

主编单位：华东建筑设计研究院有限公司

参编单位：上海三彩科技发展有限公司
同济大学建筑设计研究院（集团）有限公司
上海市隧道工程轨道交通设计研究院
上海市建工设计研究总院有限公司
上海天华建筑设计有限公司
上海房地产科学研究院
中国建筑上海设计研究院有限公司
上海中房建筑设计有限公司
上海原构设计咨询有限公司
悉地国际设计顾问（深圳）有限公司

项目负责人：瞿　燕

项目技术负责人：金　骞

地下工程中空层排水及渗漏观察构造

批准部门 上海市住房和城乡建设管理委员会
主编单位 华东建筑设计研究院有限公司

批准文号 沪建标定〔2020〕205号
统一编号 DBJT 08—129—2020
图 集 号 2020沪S205

主编单位负责人
主编单位技术负责人
技术审定人
设计负责人

目　录

目录						图集号	2020沪S205
审核	金 骞	校对	潘心怡	设计	邹新建	页码	1

总 说 明

一、编制说明

1. 本图集根据上海市住房和城乡建设管理委员会《关于印发〈2019年上海市工程建设规范、建筑标准设计编制计划〉的通知》（沪建标定〔2018〕753号）的要求编制。

2. 本图集的某些内容可能涉及专利，本图集的发布机构不承担识别这些专利的责任。在图集实施过程中，发现涉及必要专利的，发布机构将按《工程建设标准涉及专利管理办法》（建办标〔2017〕3号）执行。

二、编制依据的主要标准、规范

《混凝土结构设计规范》	GB 50010—2010
《地下工程防水技术规范》	GB 50108—2008
《地下防水工程质量验收规范》	GB 50208—2011
《建筑地面工程施工质量验收规范》	GB 50209—2010
《建筑装饰装修工程质量验收规范》	GB 50210—2018
《建筑内部装修设计防火规范》	GB 50222—2017
《人民防空地下室设计规范》	GB 50038—2005
《屋面工程技术规范》	GB 50345—2012
《建筑给水排水设计标准》	GB 50015—2019
《建筑地面设计规范》	GB 50037—2014
《混凝土物理力学性能试验方法标准》	GB/T 50081—2019
《种植屋面工程技术规范》	JGJ 155—2013
《地下工程渗漏治理技术规程》	JGJ/T 212—2010

注：当依据性标准、规范升版或有其他变化时，图集与之相关内容视为无效。

三、适用范围

本图集适用于新建、改建和修缮的工业与民用建筑等地下工程，可显著提高室内表面防潮，便于后期渗漏排查和维修。设计人员应在全面了解本图集基础上，结合项目具体情况和结构条件，参考选用图集做法。

四、术语

本图集术语详见附录一。

五、构造系统

（一）构造系统组成

本系统分两部分：一部分设置于地下工程室内，由地下工程外墙中空层系统（简称外墙中空粉刷层）和地下工程结构底板中空层系统（简称底板中空层）两个系统组成，起阻隔和引排结构渗漏水作用，同时便于渗漏监控和维修；另一部分设置于地下工程顶板上部，采用分段找坡排出土壤渗透水，相比常规顶板排水找坡做法可有效降低找坡厚度（简称分段找坡排水系统）。

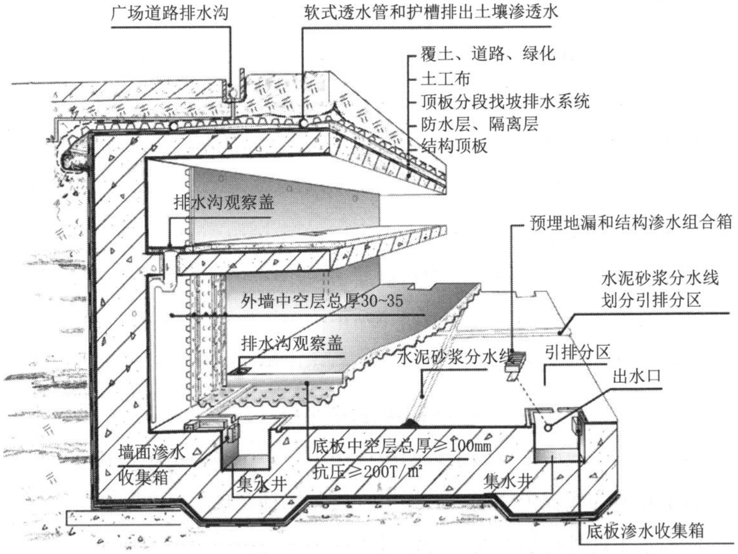

① 构造示意图

总说明						图集号	2020沪S205
审核	金 骞	（签名）	校对	潘心怡	（签名）	设计	邹新建	（签名）	页码	2

（二）地下工程外墙中空粉刷层、底板中空层排水及渗漏观察系统

1.地下工程结构面产生湿渍、渗漏会传导至室内面层，影响室内环境（图①）；本系统采用中空层截断渗漏传导，提升室内舒适度（图②）。

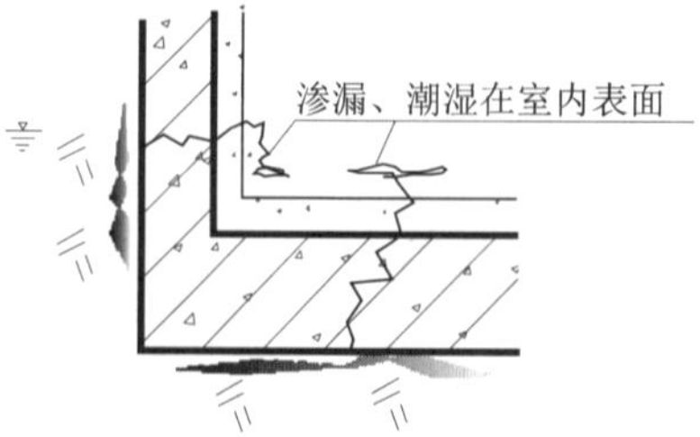

①常规做法

湿渍、渗漏传导至室内面层

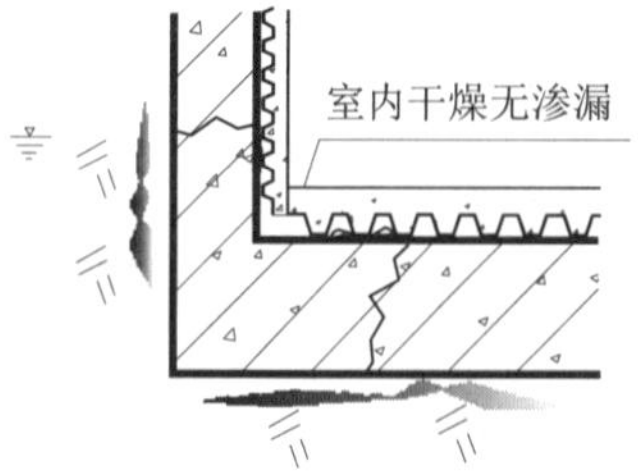

②中空层做法

湿渍、渗漏被中空层阻隔

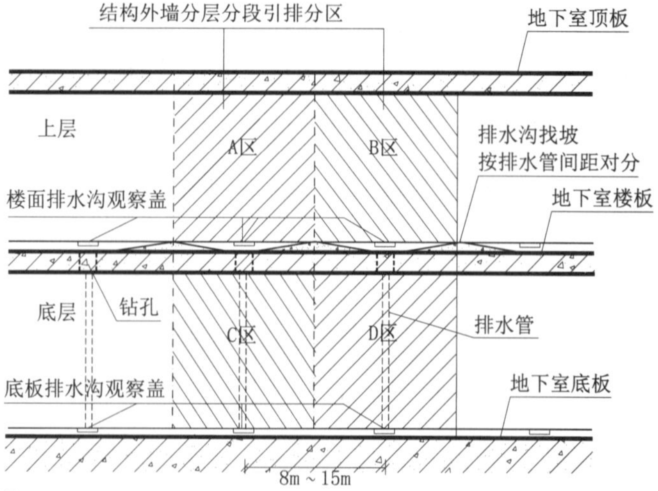

③地下工程外墙渗漏水分层分段引排分区示意

2.渗水量较少时水分在中空层中汽化，渗漏水量较大时进行引排。引排方式为：将地下工程外墙内侧和底板表面划分为若干引排分区，墙面渗漏水通过墙基排水沟进入集水井；底板渗漏水流至附近集水井，通过集水井内的渗漏水收集箱和玻璃观察盖，可及时排查渗漏情况以便定位维修结构裂缝。

（1）地下工程外墙中空粉刷层引排渗漏水方式

在地下工程上层的楼面墙基做排水沟，沟内每隔8m~15m向地漏分段找坡，地漏通过排水立管将渗漏水排至地下室底层的墙基排水沟，最终通过底板中空层内的排水沟排至设在集水井内的渗水收集箱中。在排水路线上可安装排水沟玻璃观察盖，有利于逐段查找渗水来源，疏通堵塞（图③、图④）。

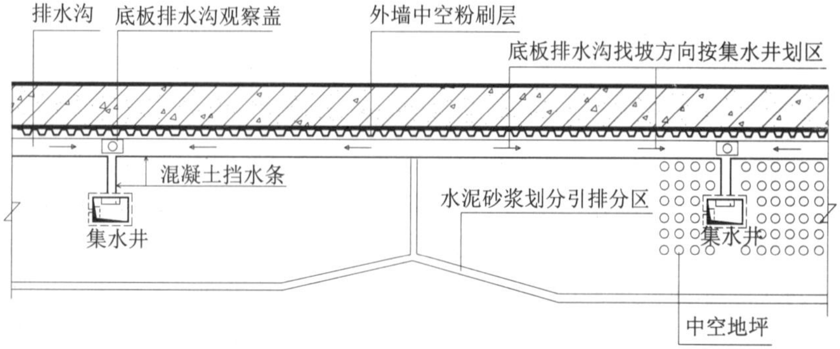

④外墙墙基排水沟和底板渗漏水引排分区示意

（本图显示结构底板表面做法）

总说明								图集号	2020沪S205
审核	金 骞	金骞	校对	潘心怡	潘心怡	设计	邹新建	页码	3

（2）地下工程底板渗漏水和地坪清洗水的排水方式

A.底板结构渗漏水在中空层内引排（图①），地坪表面清洗水则通过排水沟或地漏引排，不进入中空层。

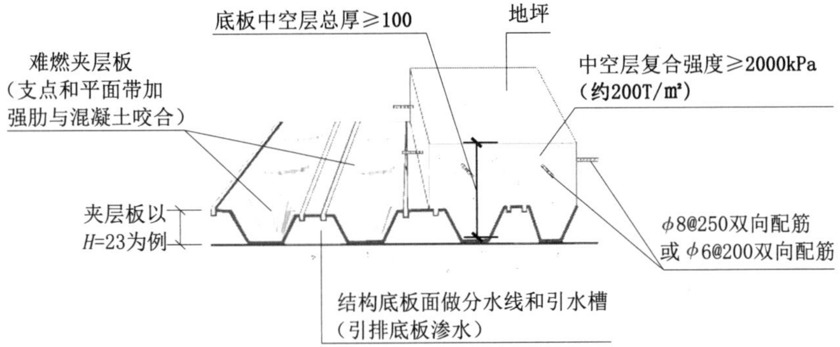

①中空地坪分解

B.地下工程底板结构渗漏水和地坪表面清洗水的排水方式。

分为结构底板尚未施工和结构底板已完成施工两种情况，分别适用排水方法一和排水方法二，技术特点详述如下。

排水方法一：在结构底板设引排分区，各分区面积建议为800㎡~1200㎡。每个分区含1个集水井，同时配置2~3个地坪清洗水和结构渗水组合收集箱（采用预埋方式，简称预埋地漏），共3~4个汇水点，每个汇水点汇水面积为200㎡~400㎡。预埋地漏在地坪表面收集清洗水和消防水，在结构底板面收集结构渗漏水，并自带玻璃观察盖（图②和第21~22页）。

预埋排水横管直径≥75，横管坡度1.2%~0.4%，长度建议≤25m。集水井位置由工程设计确定，预埋地漏安装在便于地面清扫并不影响人员和车辆通行区域（第22页详图②）。

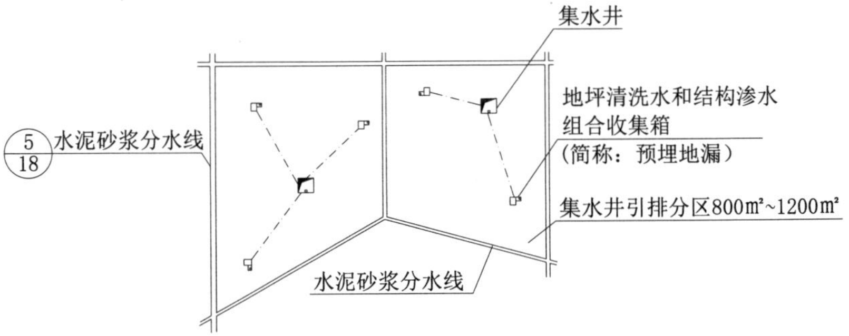

②排水方法一示意

排水方法二：在结构底板已施工完成情况下，无条件设置预埋地漏，因此采用常规排水方式，地坪面设排水沟排除地面清洗水和消防水，结构渗水在底板中空层内引流至设在集水井内的结构渗水收集箱（图③及24页详图）。

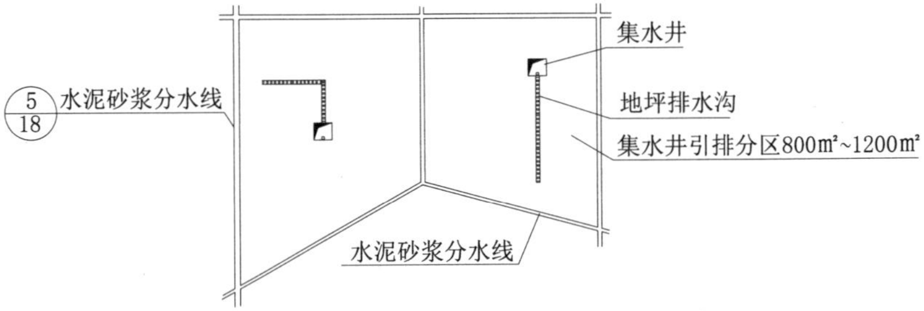

③排水方法二示意

（三）地下工程顶板分段找坡排水系统

1. 在塑料护槽（见术语）中放入软式透水管做成排水沟，将大面积顶板划分为条状或网格排水分区并做混凝土分段找坡，将渗透水排入排水沟，引导至地下室外围区域（图①及第29~31页）。

2. 场地地表水的排出，另见工程设计。

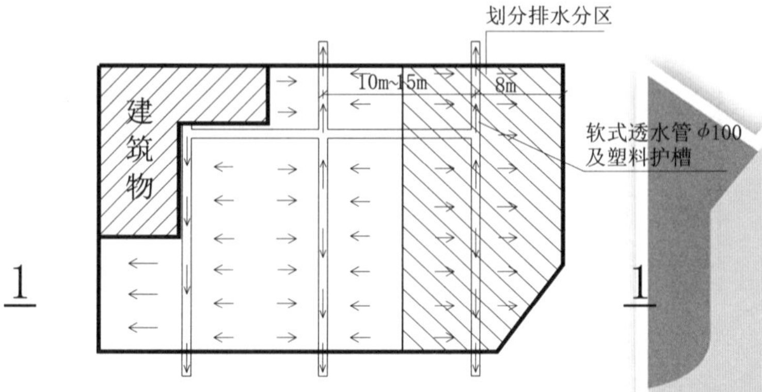

①顶板微找坡排水系统示意

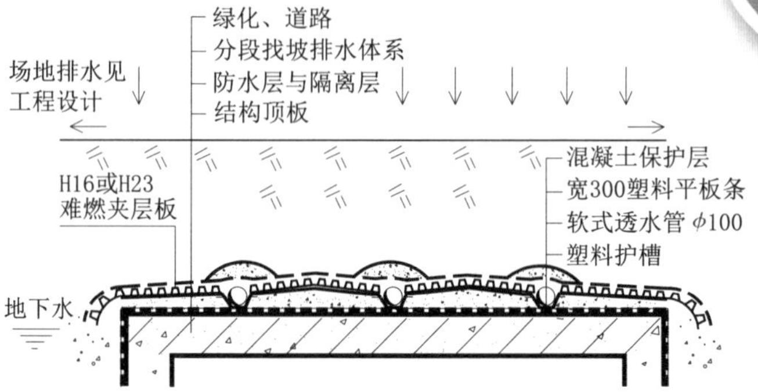

1-1 剖面

六、施工质量验收

1. 中空层施工前主体结构应完成防水质量验收：地下主体结构外墙、底板表面必须达到现行国家标准《地下工程防水技术规范》GB 50108对防水质量的要求，并通过验收。

2. 墙面中空粉刷施工和质量验收：按施工方案要求先施工50m²实样作为后续施工质量标准。抗裂砂浆粉刷层在自然干燥收缩后，再粘贴孔径为10mm×10mm的网格布，做装饰面层（另见工程设计）。若粉刷层出现收缩缝，则先粘贴修复条，再粘贴网格布。

3. 底板中空层施工和质量验收：

（1）采用预埋地漏的工程（排水方法一），安装单位提供中空层深化图和预埋地漏，施工总包单位在结构底板浇混凝土时将预埋地漏固定在钢筋上，预埋地漏的渗水收集箱上口与结构底板面高度一致，再安装DN75铸铁排水管、φ76镀锌钢管（内壁做防腐涂料）或不锈钢管联接集水井。施工中要做好预埋地漏的保护措施。

（2）当结构底板已完工，采用排水方法二，安装单位先提供深化图，分清土建总包与安装单位的分工内容，再落实施工。

（3）质量要求：以每个集水井划分引排分区，总包按每个集水井边沿标高在区域内找平凹陷。铺设200m²难燃夹层板，安装预埋地漏、玻璃观察盖等构件，经现场各方验收后作为后续施工质量标准。

4. 中空层工程量计算：不计集水井、排水沟、柱子、设备基础、门窗洞口、梁断面等产生的裁切损耗，也不扣除以上面积。

5. 安装单位应每隔半年提供渗水观察情况给业主，连续5年直至结构稳定。

七、材料与配件

（一）难燃夹层板

1. 根据现行国家标准《建筑内部装修设计防火规范》GB 50222的相关规定以及施工现场防火考虑，本系统采用燃烧性能为B1级的硬质PVC夹层板，用作地坪细石混凝土整浇层和墙面水泥砂浆粉刷层的模板。

2. 难燃夹层板材料进场须提供燃烧性能检测报告；建议产品以1m×4m尺寸平铺叠放，保持平整性，避免暴晒。

3. 难燃夹层板若有局部损坏，可剪裁同样产品搭扣连接，搭扣示意图如下。

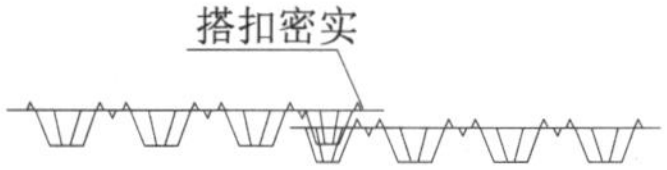

支点向下搭接密实
（用于底板中空层）

支点向上搭接密实
（用于顶板分段找坡排水系统）

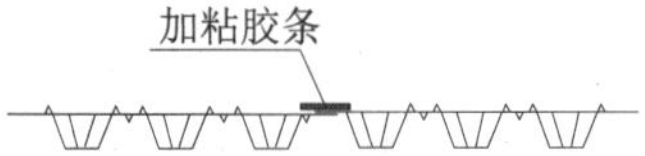

支点平接另加胶条封闭
（当产品裁切、支点错位时采用）

夹层板支点向下搭接实物图

表1　难燃夹层板技术参数

产品型号	支点高度（mm）	幅宽（mm）	抗压强度（KPa）		通水量（cm^3/s）	建议应用部位
			最小自身强度	最小复合强度		
H10	10~11（平面有加强肋）	1000~1200	100	1000	—	墙面中空粉刷层
H16	16~17（平面有加强肋）	1000~1200	150	2000	14	地下工程顶板、非车库地坪底板中空层
H23	23~25（平面有加强肋）	1000~1200	150	2000	16	地下工程顶板、车库地坪底板中空层
H38	38~40（平面有加强肋）	1000~1200	80	2000	20~34	车库地坪底板中空层

注：1．本表以夹层板支点高度作为产品型号。

2．墙面中空粉刷层建议采用H10型。

3．地下工程顶板建议采用H16型，可承受绿化和道路荷载。

4．底板中空层建议采用H23型，可承受车库和设备机房荷载。

5．当夹层板用于地下工程顶板时，取其自身强度；用于底板中空层取复合强度。复合强度是指夹层板与细石混凝土、水泥砂浆复合后的抗压强度；要求所采用的水泥砂浆标号不低于M10，混凝土标号不低于C20。

6．复合强度按现行国家标准《混凝土物理力学性能试验方法标准》GB/T 50081测试。

（二）系统组件和配件

表2 墙面中空层、底板中空层及顶板系统配件技术要求

分类	序号	名称	材质	主要技术要求
中空层配件	1	墙面明排水管	PVC	间距@8m~10m，立管ϕ50，弯头ϕ50
	2	墙面暗排水管	PVC	间距@8m~10m，立管ϕ50，弯头ϕ50，配套　50软管
	3	墙面水泥钢钉配塑料膨胀管		水泥钢钉65mm×4.2mm，配塑料膨胀管ϕ8mm×45mm
	4	地面螺纹钉配塑料膨胀管		螺纹钉，配塑料膨胀管ϕ8mm×55mm
	5	塑料丝网	尼龙	网孔ϕ30
	6	耐碱网格布	玻璃纤维	（100~120）g/m²，网孔10mm×10mm
	7	预埋排水管	金属	铸铁排水管DN75、ϕ76镀锌钢管（内壁做两道防腐涂料）或不锈钢管
	8	软式透水管		ϕ100钢丝或塑料丝透水管外包土工布
	9	土工布	聚酯无纺布	（200~300）g/m²
渗漏观察配件	10	预埋地漏和结构渗水组合箱（简称预埋地漏）	不锈钢	1mm厚不锈钢200mm（长）×200mm（宽）×250mm（高）埋深180mm，联体160mm（长）×130mm（宽）×100mm（高）埋深100mm，上设玻璃观察孔，侧面有溢水口
	11	集水井内渗水收集箱	不锈钢	1mm厚不锈钢收集箱220mm（长）×120mm（宽）×220mm（高）

续表

分类	序号	名称	材质	技术要求
渗漏观察配件	12	玻璃观察盖（安装于集水井边）	PVC管	10mm厚ϕ75玻璃和塑料管
	13	楼面排水沟观察盖	不锈钢	150mm×150 mm×30 mm不锈钢，ϕ73玻璃片
	14	底板排水沟观察盖	不锈钢	180 mm×180 mm×50 mm不锈钢，ϕ73玻璃片
其他专属配件	15	墙面中空层带倒齿塑料龙骨	PE	3000mm（长）×28mm（宽）×10mm（高）塑料龙骨
	16	塑料护槽	PVC	U形塑料排水沟，(3000~6000)mm(长)×100mm(宽）×50mm（高）
需专业分包组件	17	结构渗漏水电子仪表监控系统		由专业单位深化设计
	18	结构渗漏水物联网监控及自动报警系统		

注：施工进场产品须符合国家、行业和本市现行有关标准的规定，并附厂家质保书。

八、尺寸单位

本图集中除注明外，所注尺寸以毫米（mm)为单位。

九、系统主要节点平面索引图

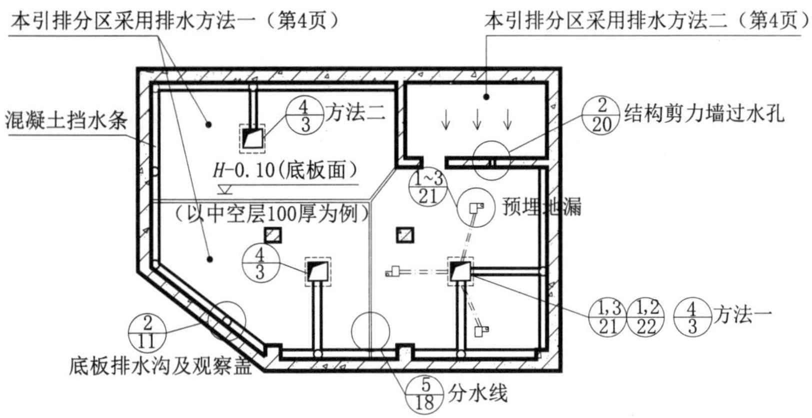

①结构底板平面

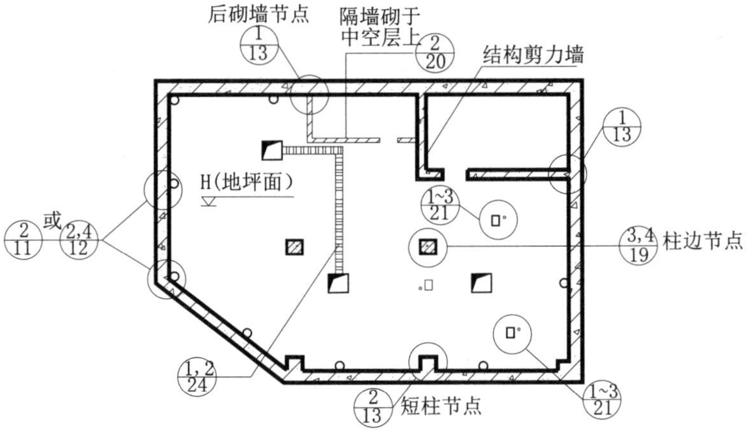

②中空地坪面平面

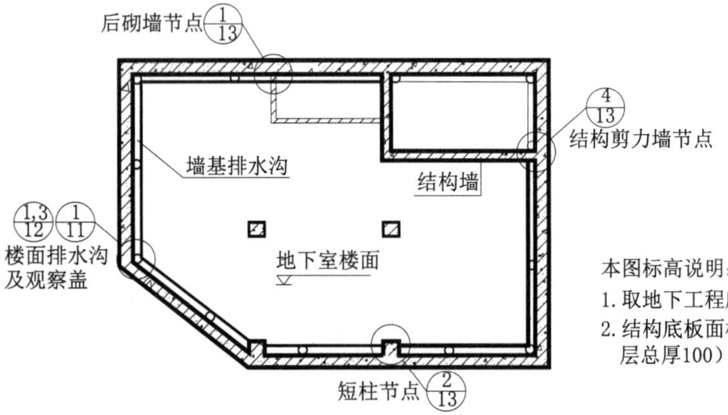

③楼板平面

本图标高说明：

1. 取地下工程底层室内地坪标高为*H*。
2. 结构底板面标高*H*-0.10（假设中空层总厚100）。

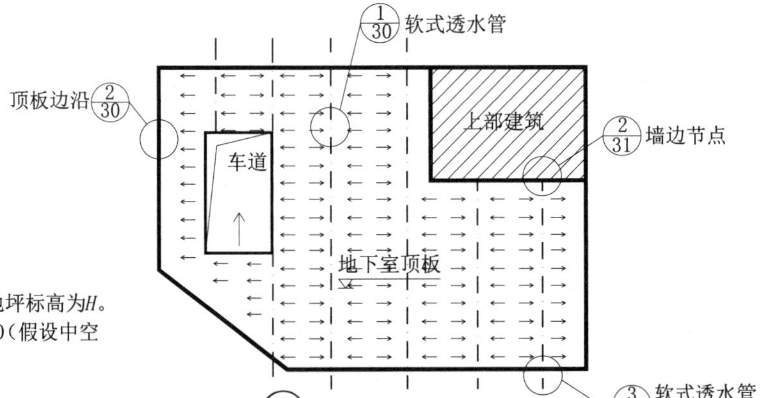

④顶板结构平面

十、系统主要节点剖面索引图

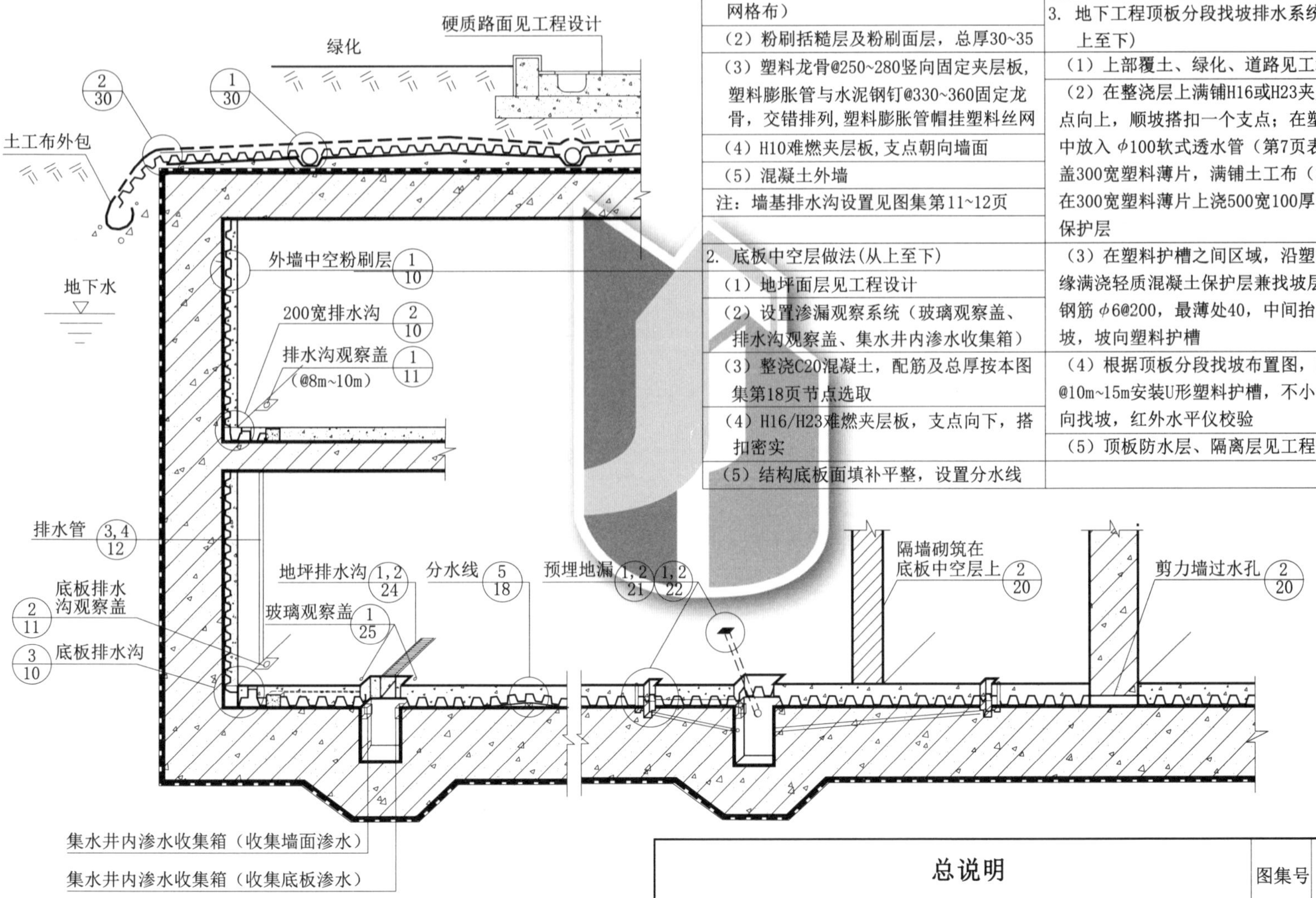

表3 系统做法一览

1. 外墙中空粉刷层做法（从室内向室外）	（6）结构底板浇筑前设置预埋地漏
（1）装饰面层见工程设计（做前表面粘贴网格布）	3. 地下工程顶板分段找坡排水系统做法（从上至下）
（2）粉刷括糙层及粉刷面层，总厚30~35	
（3）塑料龙骨@250~280竖向固定夹层板，塑料膨胀管与水泥钢钉@330~360固定龙骨，交错排列，塑料膨胀管帽挂塑料丝网	（1）上部覆土、绿化、道路见工程设计
（4）H10难燃夹层板，支点朝向墙面	（2）在整浇层上满铺H16或H23夹层板，支点向上，顺坡搭扣一个支点；在塑料护槽中放入φ100软式透水管（第7页表2），上盖300宽塑料薄片，满铺土工布（300g/m²）在300宽塑料薄片上浇500宽100厚素混凝土保护层
（5）混凝土外墙	
注：墙基排水沟设置见图集第11~12页	
2. 底板中空层做法（从上至下）	（3）在塑料护槽之间区域，沿塑料护槽边缘满浇轻质混凝土保护层兼找坡层，双向钢筋φ6@200，最薄处40，中间抬高50做横坡，坡向塑料护槽
（1）地坪面层见工程设计	
（2）设置渗漏观察系统（玻璃观察盖、排水沟观察盖、集水井内渗水收集箱）	
（3）整浇C20混凝土，配筋及总厚按本图集第18页节点选取	（4）根据顶板分段找坡布置图，隔离层上@10m~15m安装U形塑料护槽，不小于0.2%纵向找坡，红外水平仪校验
（4）H16/H23难燃夹层板，支点向下，搭扣密实	（5）顶板防水层、隔离层见工程设计
（5）结构底板面填补平整，设置分水线	

地下工程外墙中空粉刷层

一、构造做法

1. 结构表面基本平整，用65mm×4.2mm水泥钢钉与塑料膨胀管（含 ϕ45塑料盖帽）固定塑料龙骨，由龙骨固定夹层板，整体构造牢固且龙骨的倒齿能与粉刷咬合。

2. 在塑料膨胀管盖帽上挂塑料丝网（孔径 ϕ30），在夹层板表面做粉刷括糙层与粉刷面层（总厚30mm~35mm，含夹层板支点），塑料丝网位于以上两层粉刷之间，可减少粉刷层开裂。

3. 粉刷层自然干燥收缩后，修复个别收缩裂缝。

4. 装饰面层见工程设计，做前粉刷层粘贴10mm×10mm耐碱网格布。

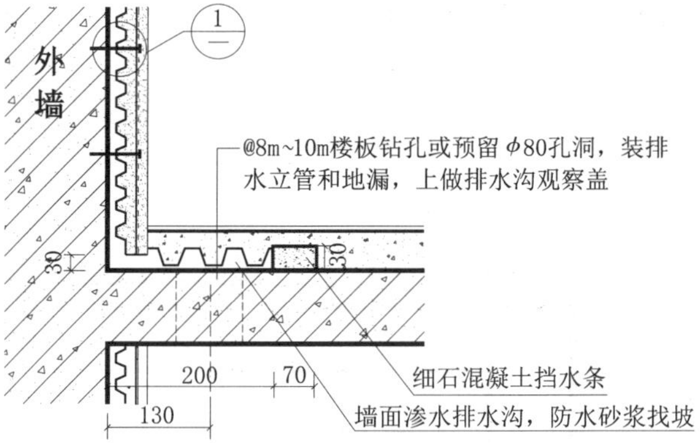

②外墙中空粉刷层与楼面交接处节点

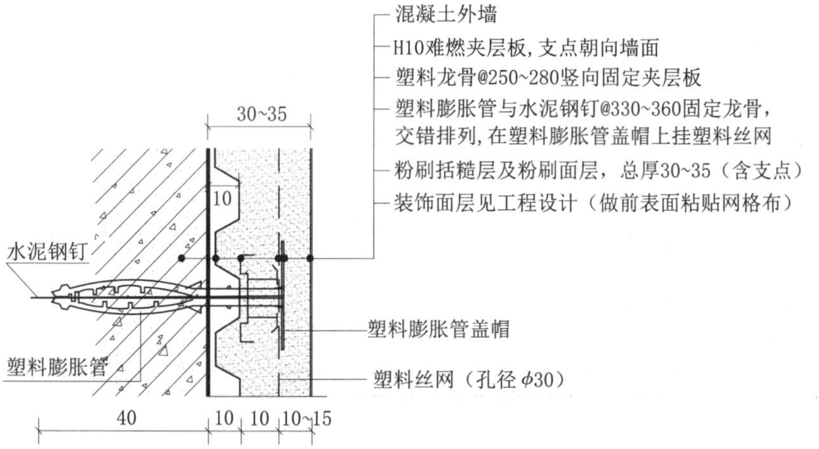

①外墙中空层构造

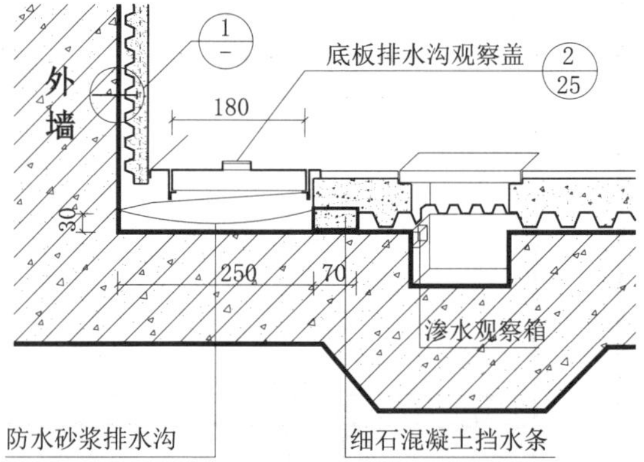

③外墙中空粉刷层与底板交接处节点

外墙中空粉刷层做法说明							图集号	2020沪S205
审核	金 骞	金骞	校对	毕敬媛	毕敬媛	设计	邹新建	邹新建	页码	10

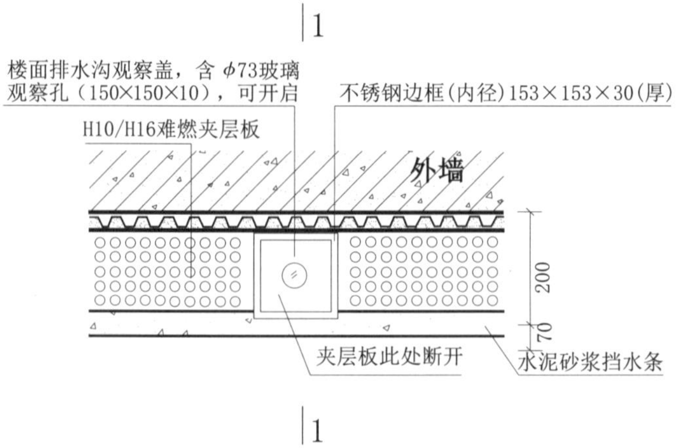

①外墙与楼面交接处暗排水沟及排水沟观察盖

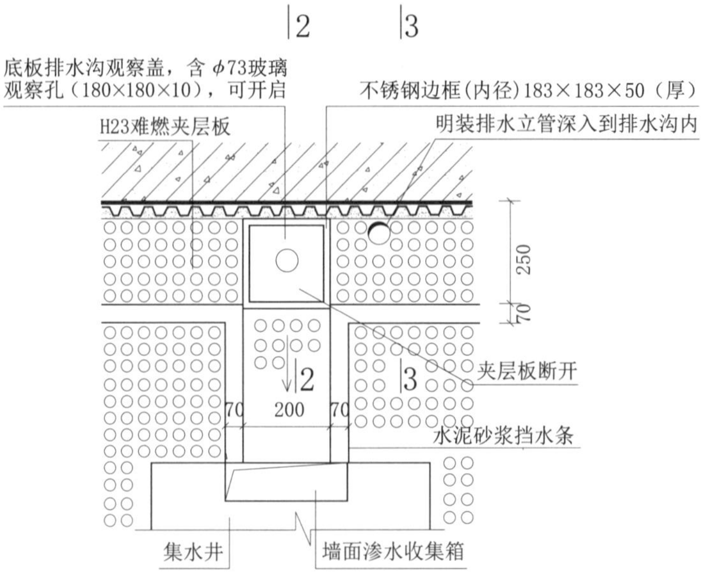

②外墙与底板交接处暗排水沟及排水沟观察盖

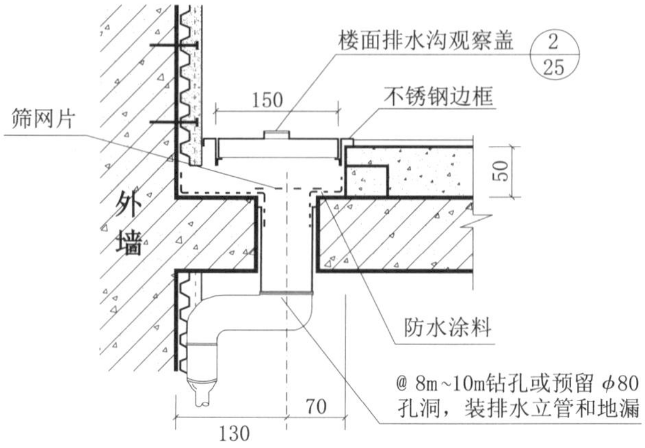

1-1 剖面

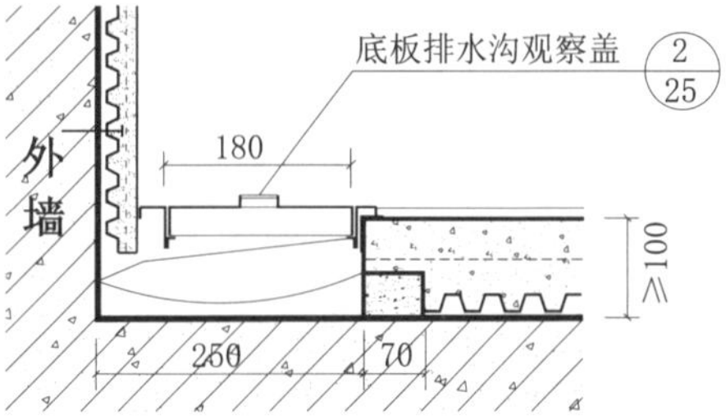

2-2 剖面

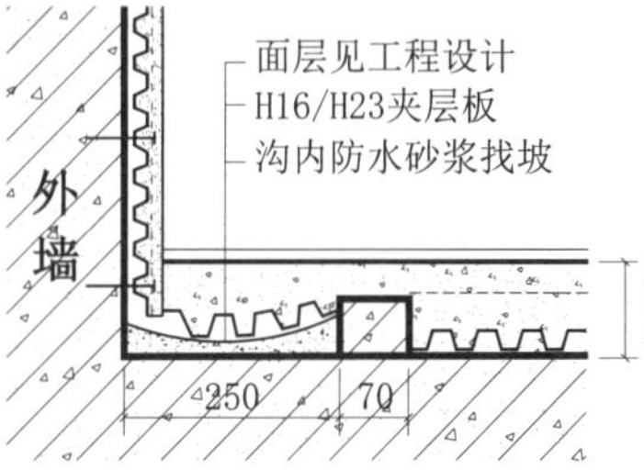

3-3 剖面

外墙渗漏水暗排水沟与排水沟观察盖							图集号	2020沪S205
审核	金 骞	金骞	校对	毕敬媛	毕敬媛	设计	邹新建	邹新建	页码	11

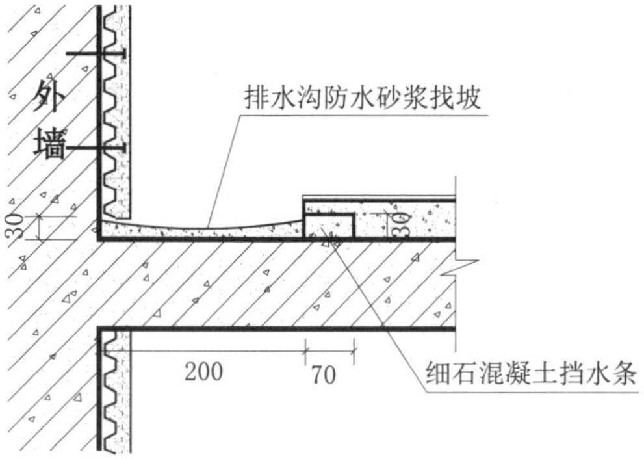

① 楼板明排水沟

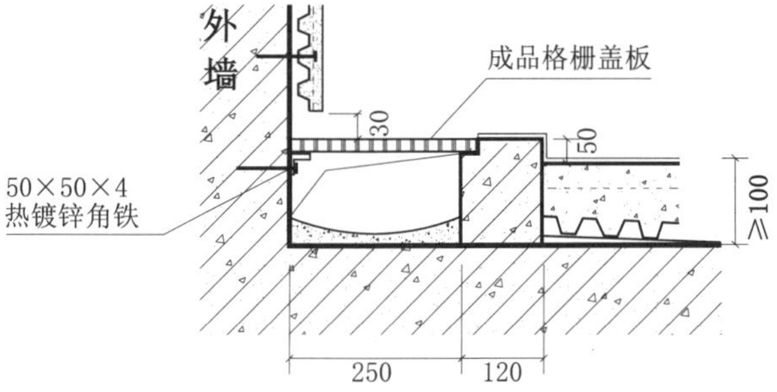

② 底板明排水沟

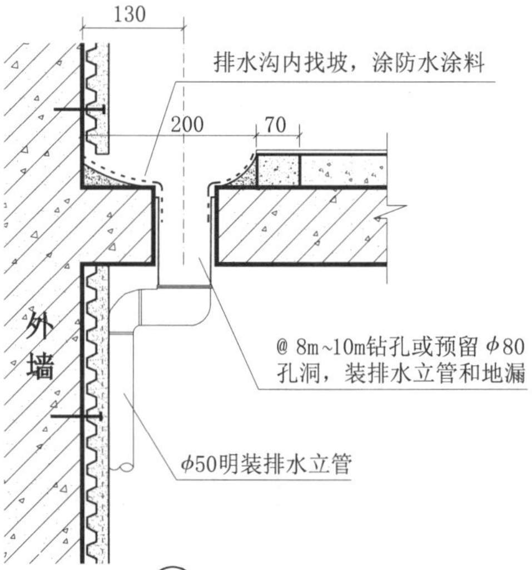

③ 明装排水立管

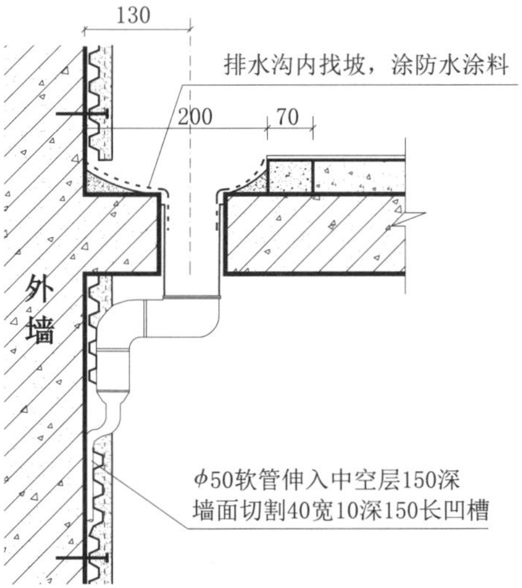

④ 暗装排水立管

外墙渗漏水明排水沟与排水立管								图集号	2020沪S205
审核	金 骞	金骞	校对	毕敬媛	毕敬媛	设计	邹新建	邹新建	页码 12

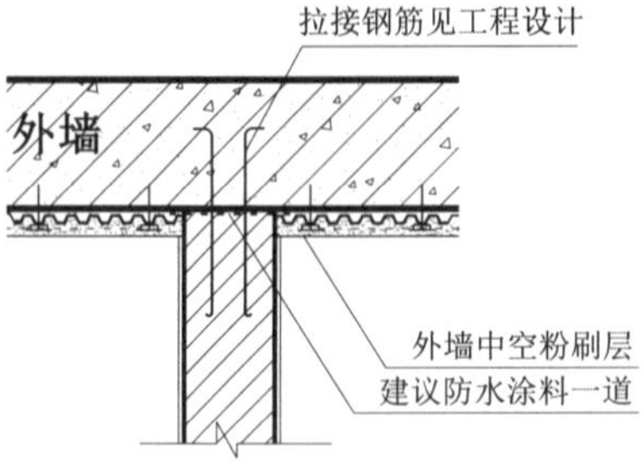

①分隔墙节点

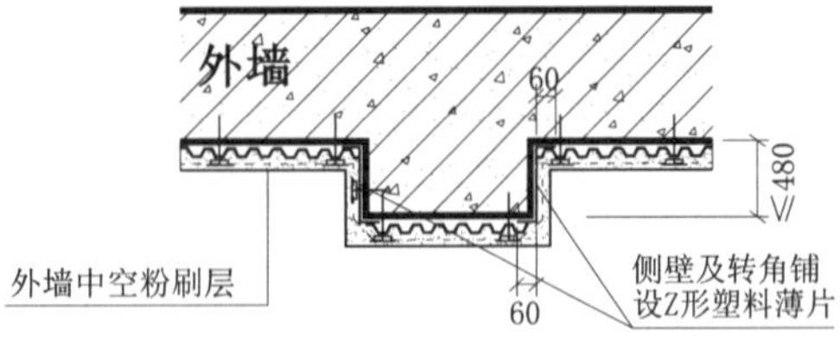

②突出短柱

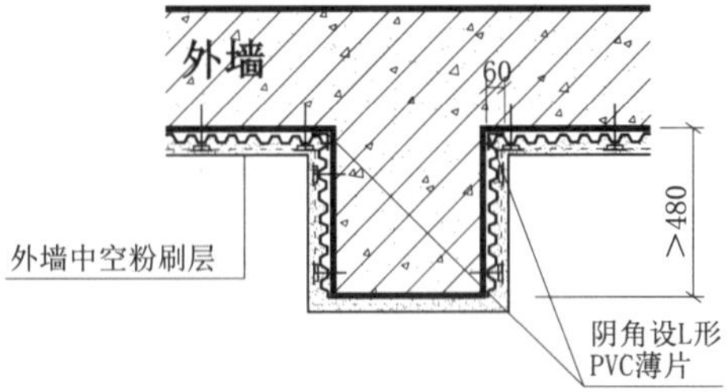

③突出长柱

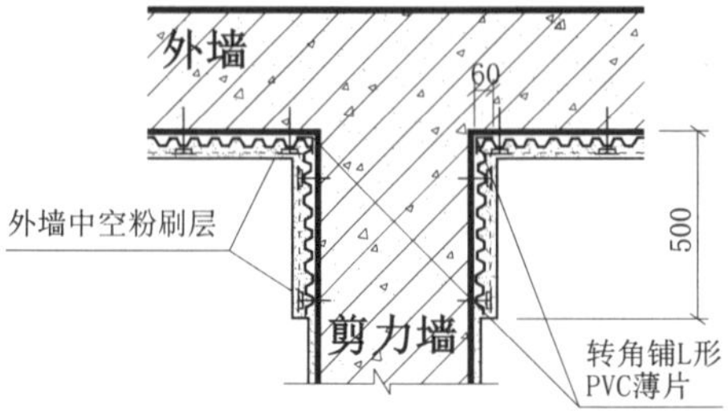

④剪力墙节点

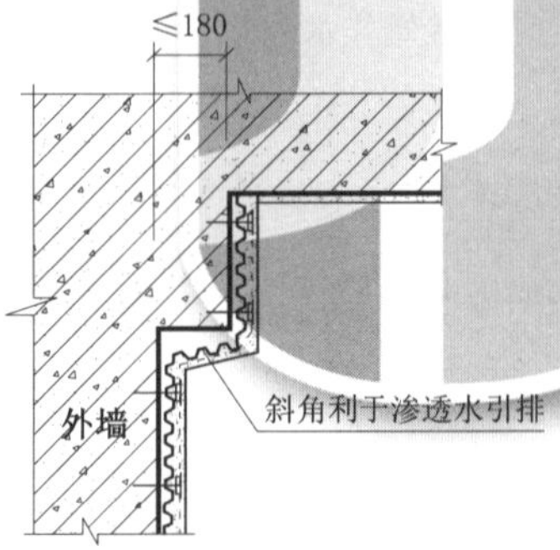

⑤墙面突出小梁剖面图

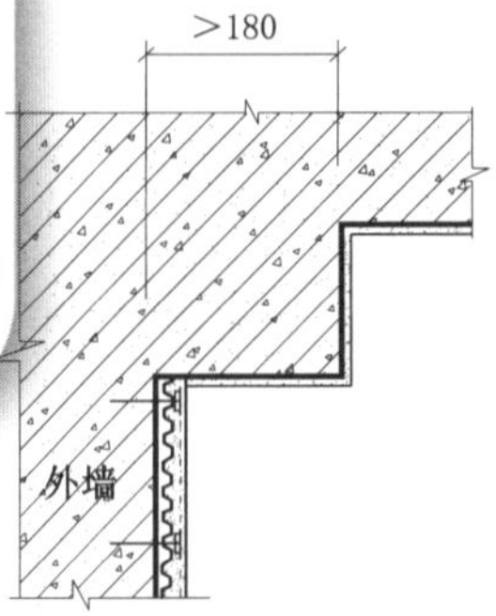

⑥墙面突出大梁剖面图

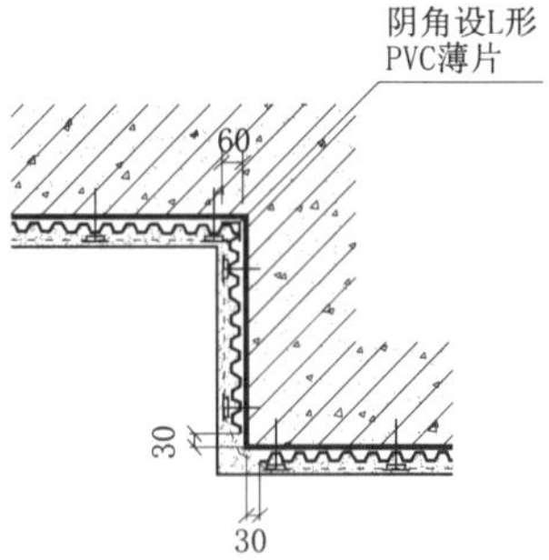

注：夹层板在阳角处断开，增强转角部位粉刷层与墙体粘结力。

⑦墙面转折部位

外墙中空粉刷层阴阳角部位								图集号	2020沪S205
审核	金骞	[signature]	校对	毕敬媛	[signature]	设计	邹新建	页码	13

二、不平整外墙中空粉刷层

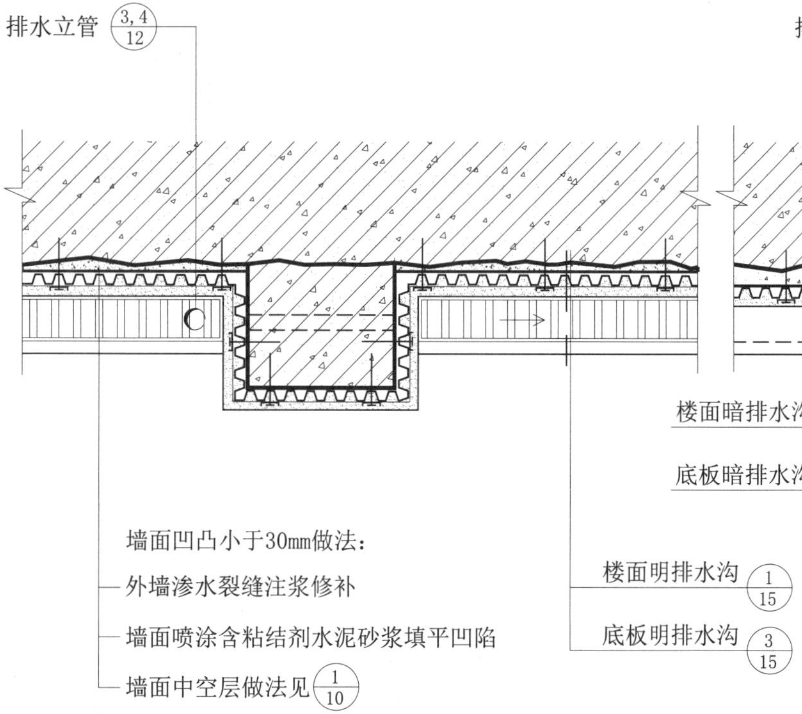

① 凹凸较小不平整外墙中空粉刷层做法

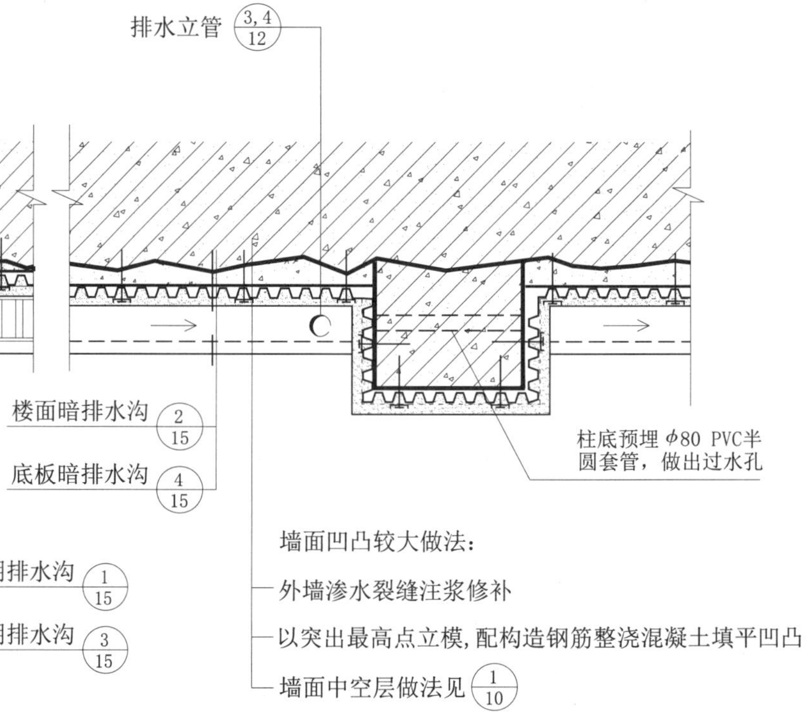

② 凹凸较大不平整外墙中空粉刷层做法

不平整外墙中空粉刷层							图集号	2020沪S205
审核	金 骞	金骞	校对	毕敬媛	毕敬媛	设计	邹新建	邹新建	页码	14

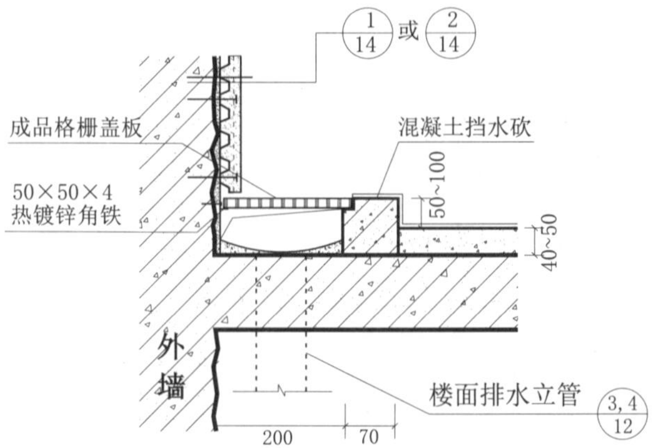

①不平整外墙中空粉刷层与楼板明排水沟

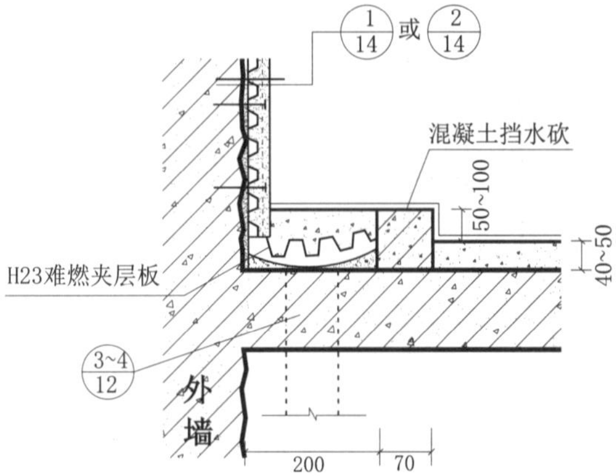

②不平整外墙中空粉刷层与楼板暗排水沟

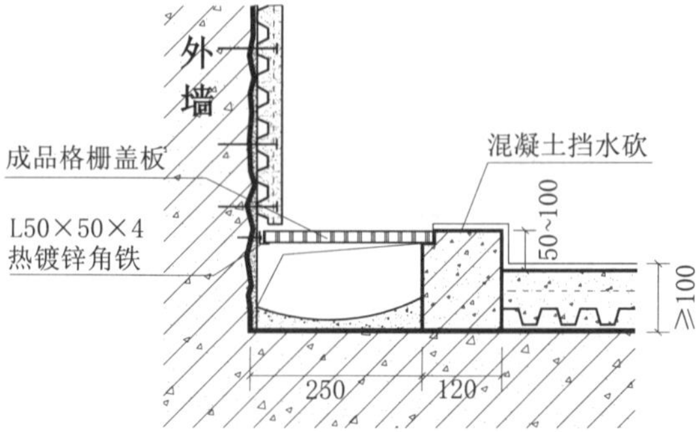

③不平整外墙中空粉刷层与底板明排水沟

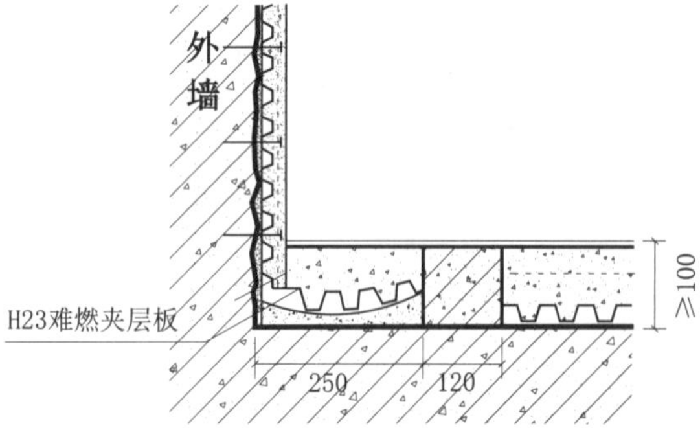

④不平整外墙中空粉刷层与底板暗排水沟

不平整外墙中空粉刷层							图集号	2020沪S205
审核	金骞	金骞	校对	毕敬媛	毕敬媛	设计	邹新建 邹新建	页码	15

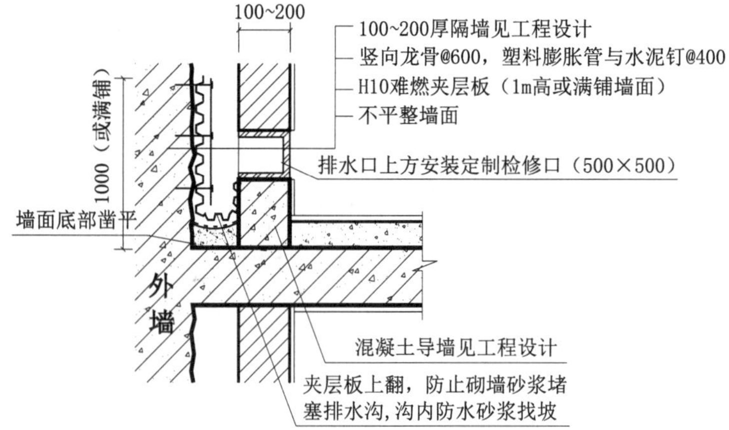

①加砌内衬墙的不平整外墙与楼板交接处排水沟

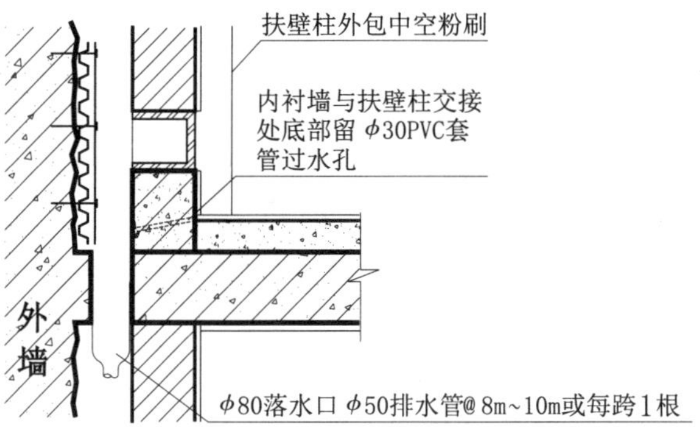

②楼板出水口做法（加砌内衬墙工艺）

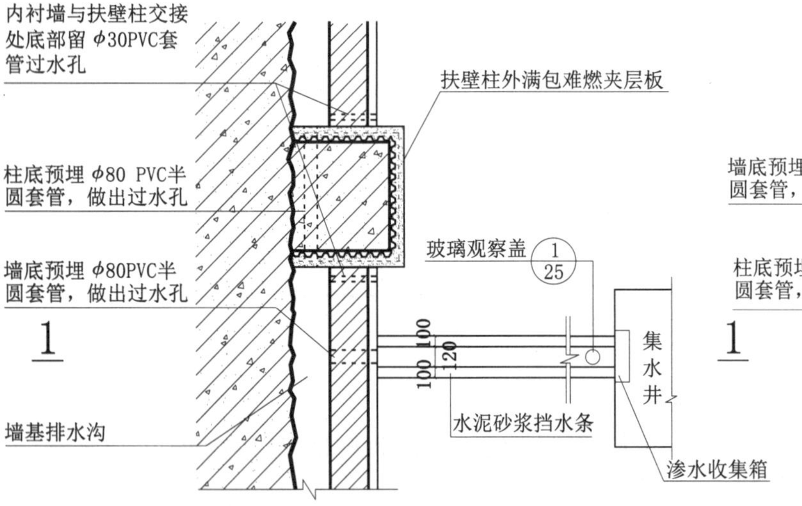

③底板排水平面图

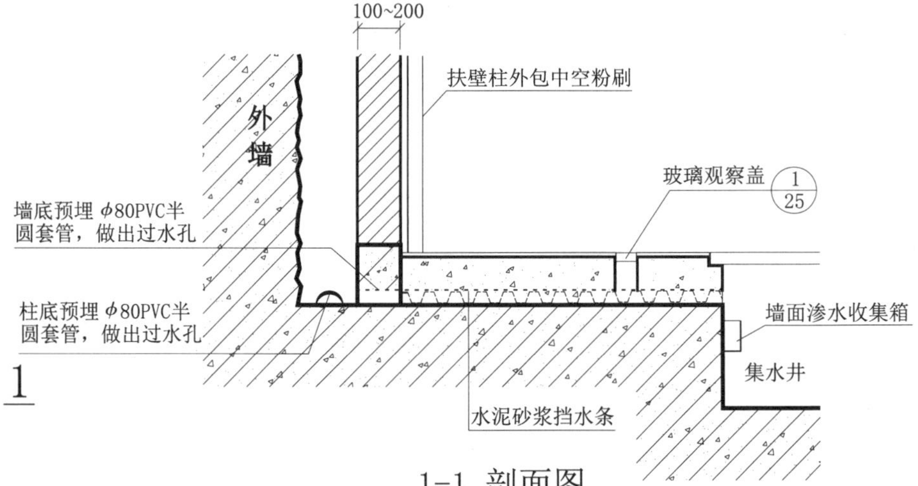

1-1 剖面图

不平整外墙加砌内衬墙中空粉刷层							图集号	2020沪S205
审核	金 骞	金骞	校对	毕敬媛	毕敬媛	设计	邹新建	邹新建	页码	16

三、叠合外墙中空粉刷层做法说明

对基坑围护墙与地下结构外墙紧贴施工的情况，围护墙外防水困难，因此宜在地下工程外墙内侧做中空粉刷层，提高防潮、防渗质量（图①）。

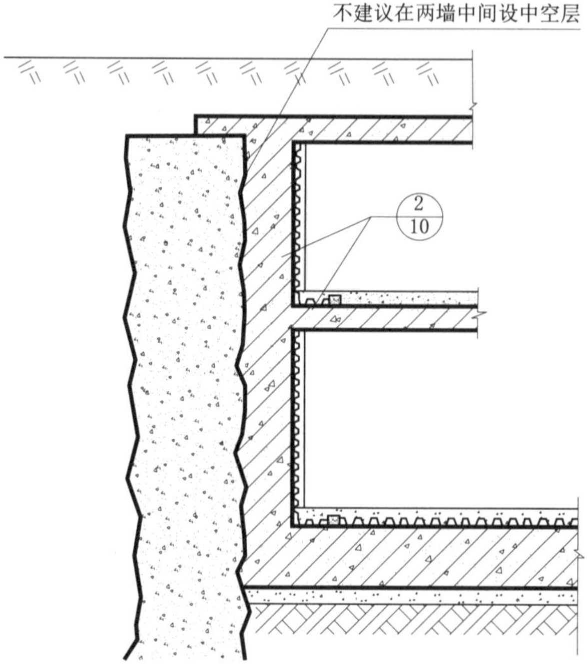

①叠合外墙室内中空粉刷构造示意图

四、管道穿墙和墙面开关盒节点

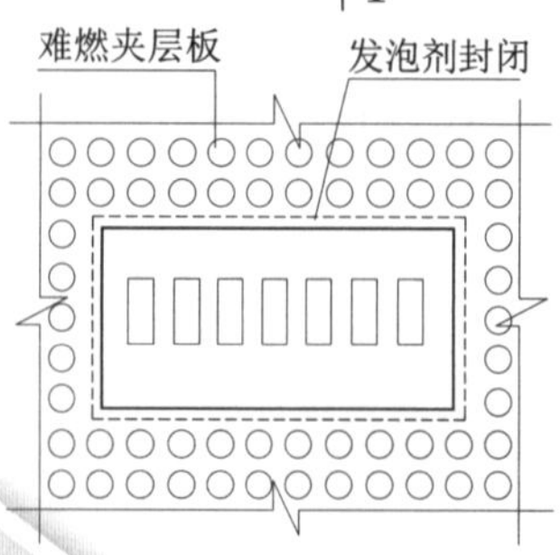

②墙面开关盒节点

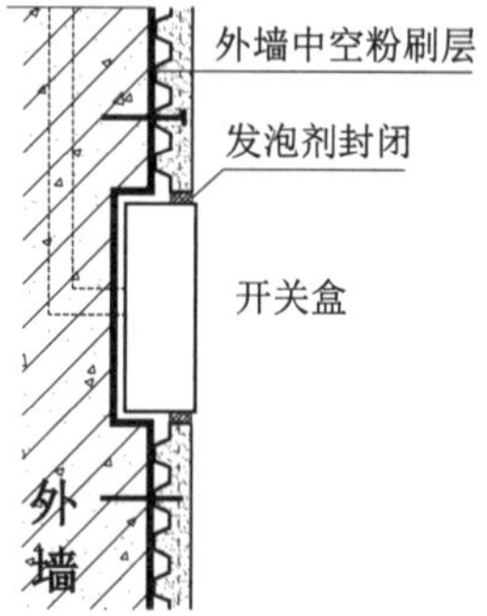

1-1 剖面图

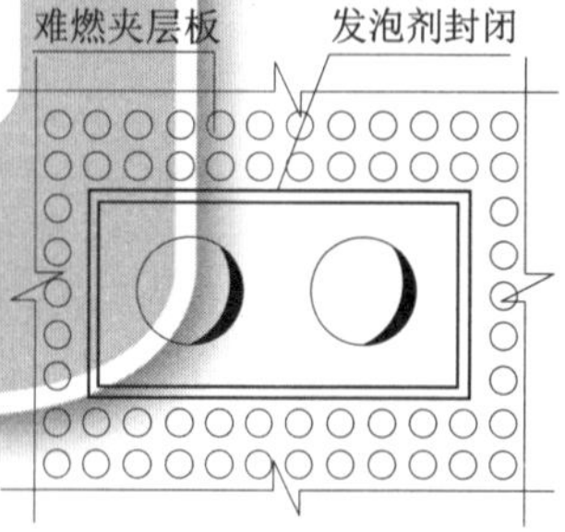

③管道穿墙节点

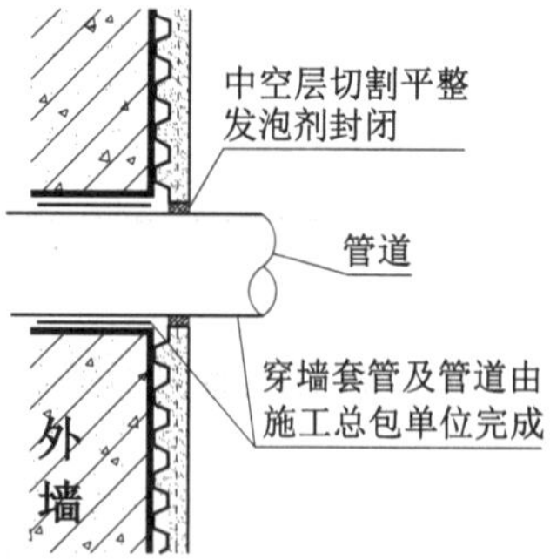

2-2 剖面图

说明：管道穿墙、开关盒等各种密封封堵节点，应暴露在中空层外，便于观察。

叠合外墙中空粉刷层做法说明 管道穿墙和墙面开关盒节点								图集号	2020沪S205
审核	金骞	金骞	校对	毕敬媛	毕敬媛	设计	邹新建	页码	17

地下工程结构底板中空层

一、构造做法

1. 难燃夹层板支点常用高度为23mm，每块板边缘搭扣一个支点，间距1m，用钢钉及塑料膨胀管固定，确保整体平整、牢固。

2. 结构底板表面以集水井划分引排区域，并以集水井边沿标高为基准，用水泥砂浆填平凹陷部位。

3. 设置渗漏水观察系统，包括分水线(划分渗漏水引排分区)、引水槽、玻璃观察盖、排水沟观察盖、集水井内渗水收集箱。

4. 底板尚未施工可采用排水方法一，底板设置预埋地漏；如果底板已施工，采用排水方法二(详见第4页说明)。

二、底板中空层做法

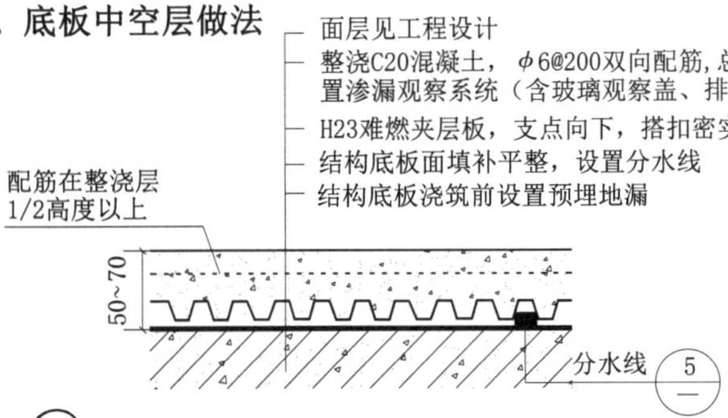

①采用H16夹层板（建议用于非车库工程）

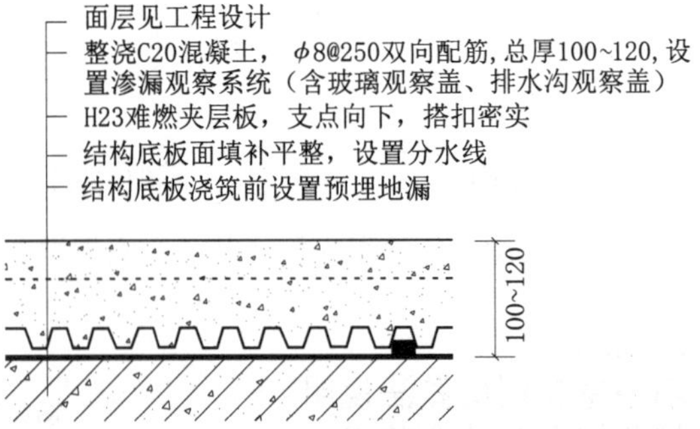

②采用H23夹层板（建议用于地下车库）

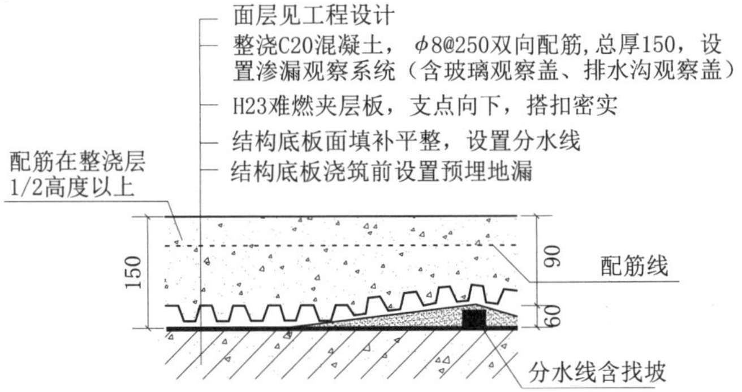

③采用H23夹层板（建议用于地下车库）

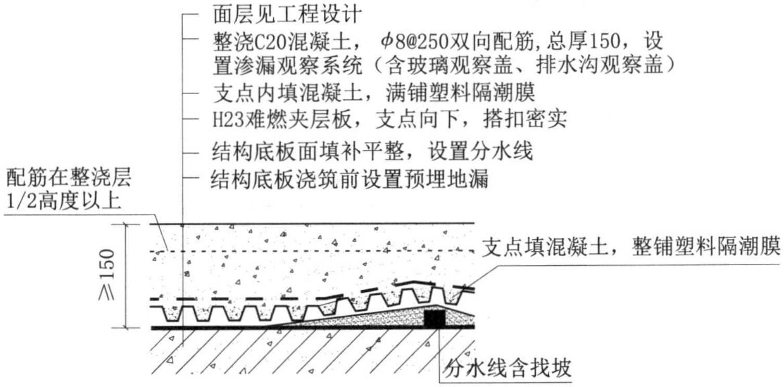

④隔潮地坪

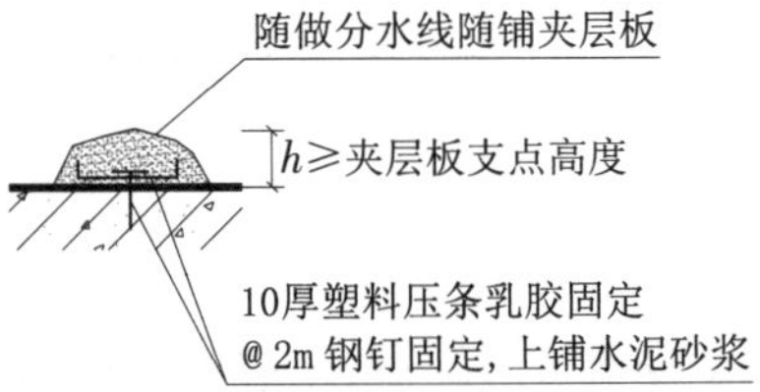

⑤分水线

地下工程底板中空层做法说明								图集号	2020沪S205
审核	金骞	金骞	校对	毕敬媛	毕敬媛	设计	邹新建	页码	18

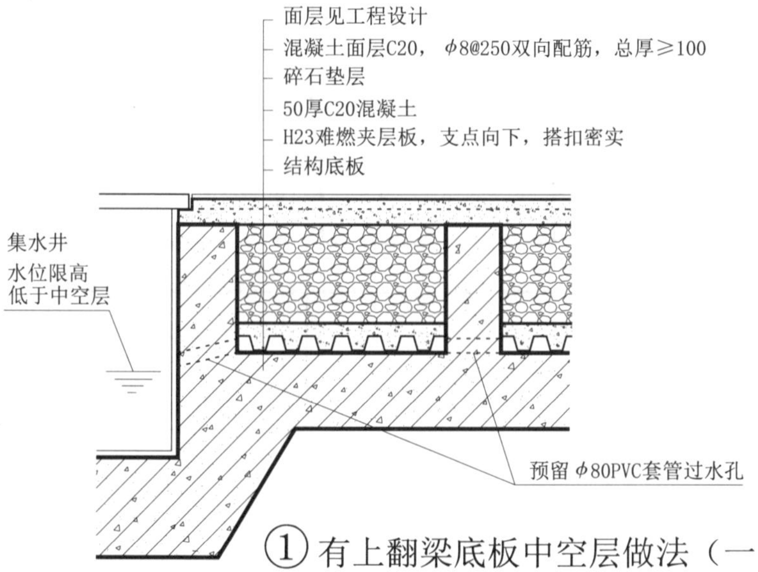

①有上翻梁底板中空层做法（一）
（集水井低与底板）

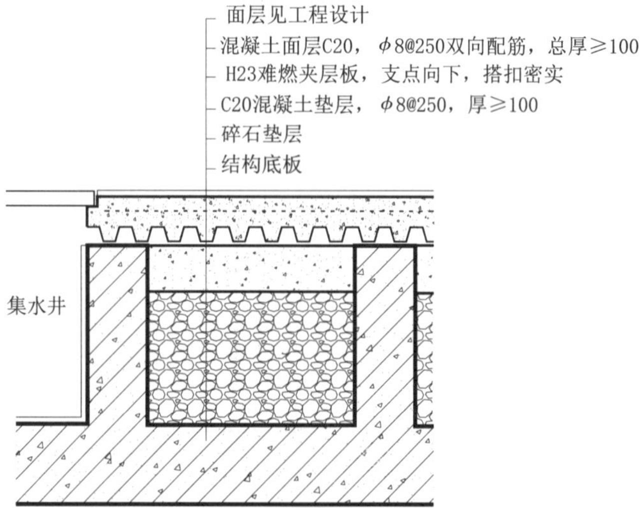

②有上翻梁底板中空层做法（二）
（集水井与底板平）

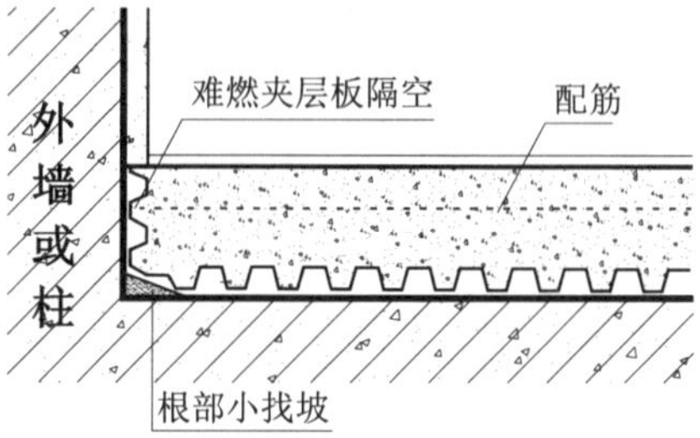

③底板中空层与墙、柱节点（一）

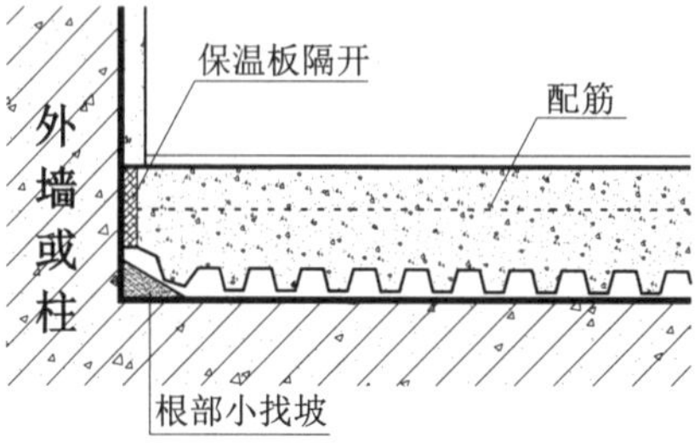

④底板中空层与墙、柱节点（二）

有上翻梁的底板中空层、底板中空层与墙柱交接节点							图集号	2020沪S205
审核	金 骞	金骞	校对	毕敬媛	毕敬媛	设计	邹新建	邹新建	页码	19

三、渗漏水不能外排房间及剪力墙过水孔做法

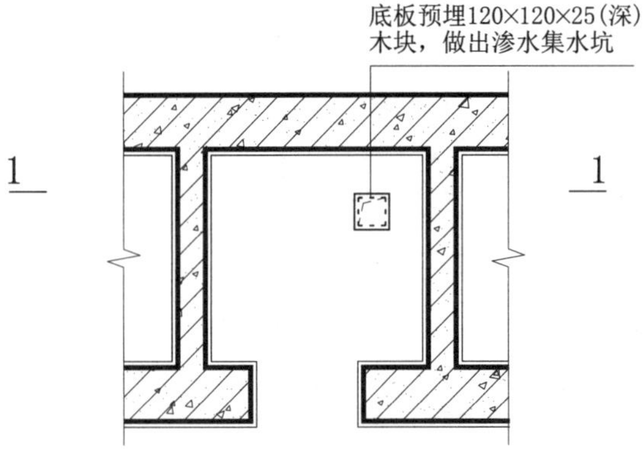

①渗漏水不能外排房间平面

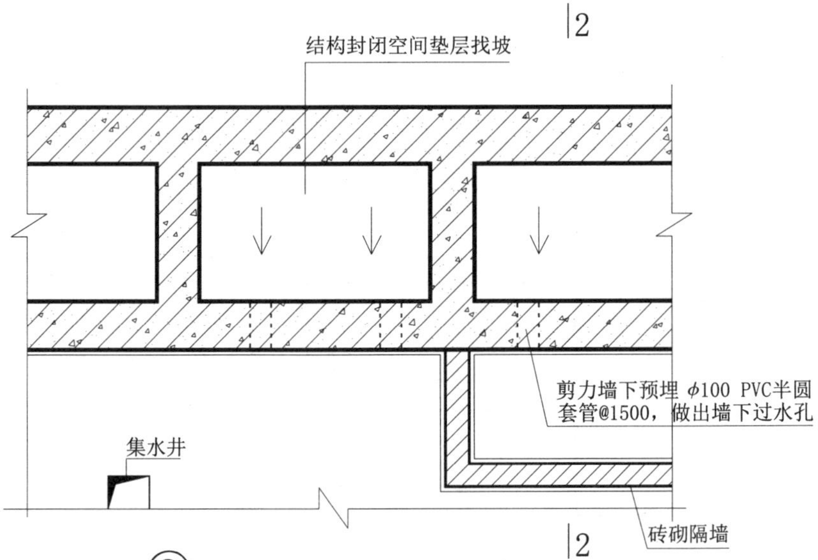

② 剪力墙过水孔平面图

（允许在剪力墙底部开洞的工况下）

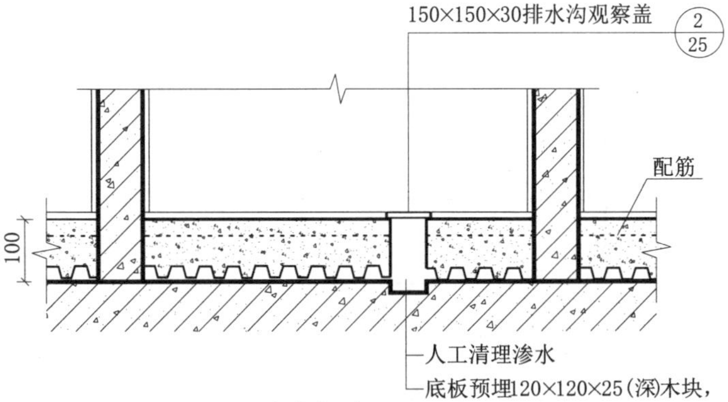

1-1 剖面

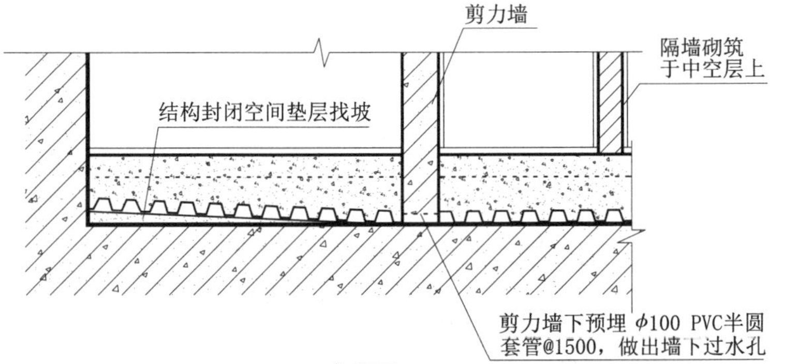

2-2 剖面

渗漏水不能外排房间及剪力墙过水孔							图集号	2020沪S205
审核	金 骞	金骞	校对	毕敬媛	毕敬媛	设计	邹新建	邹新建	页码	20

四、结构底板预埋地漏（排水方法一）

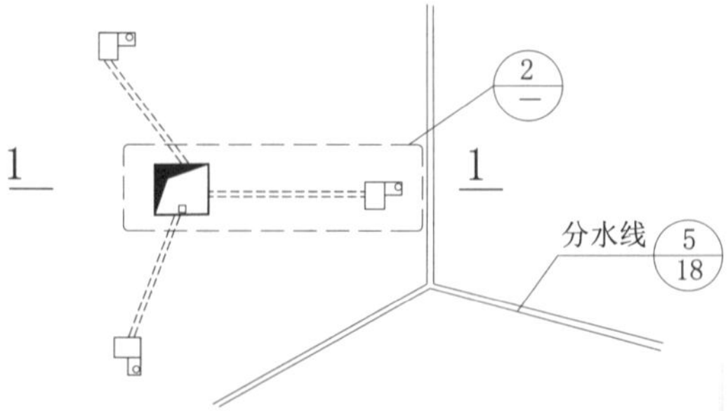

①预埋地漏平面布置示意图

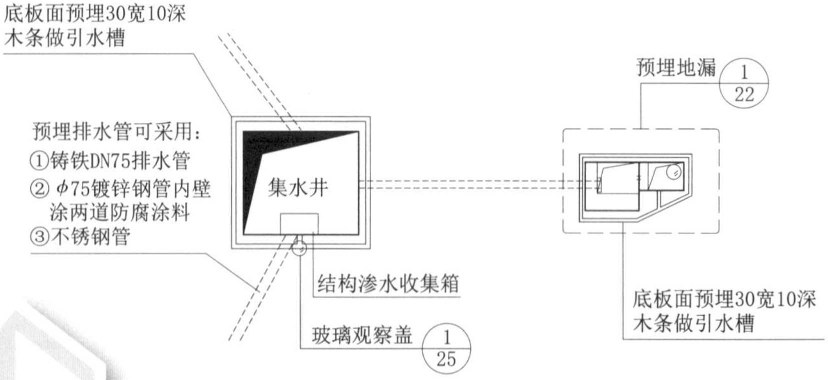

②集水井与预埋地漏平面放大

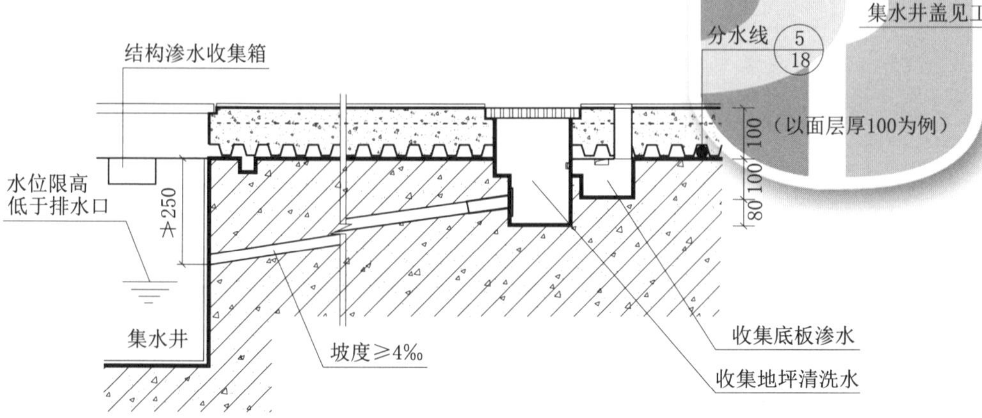

1-1 剖面

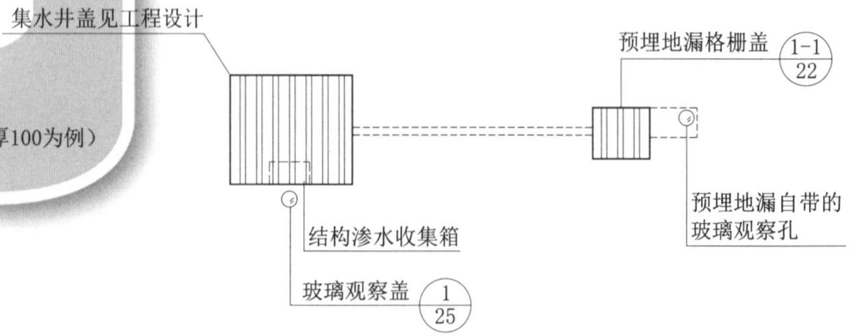

③集水井与预埋地漏盖板

预埋地漏							图集号	2020沪S205
审核	金 骞	金骞	校对	毕敬媛	毕敬媛	设计	邹新建	邹新建	页码	21

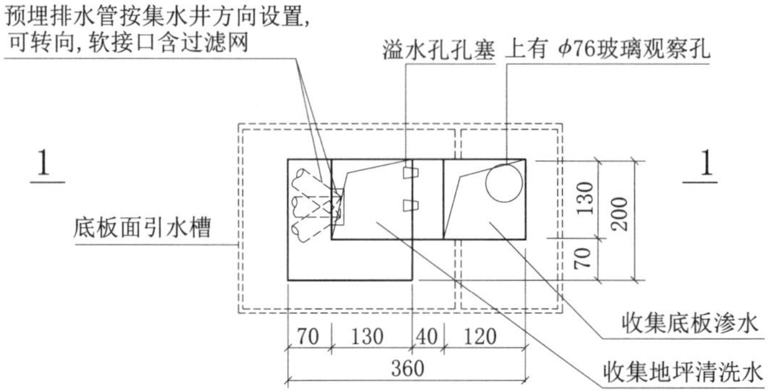

①预埋地漏顶视图(定制)

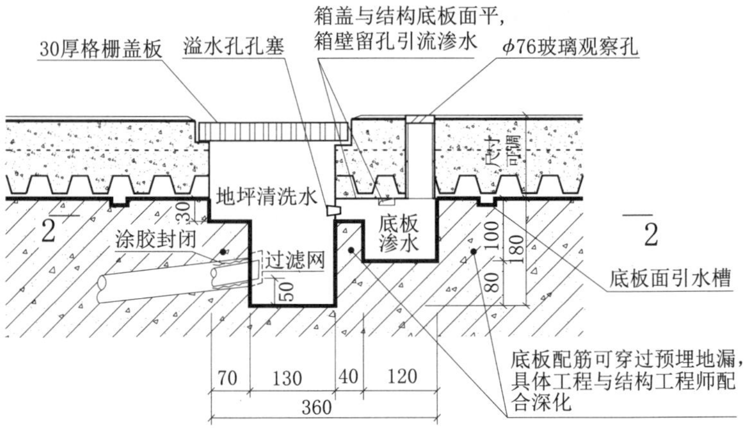

1-1 剖面

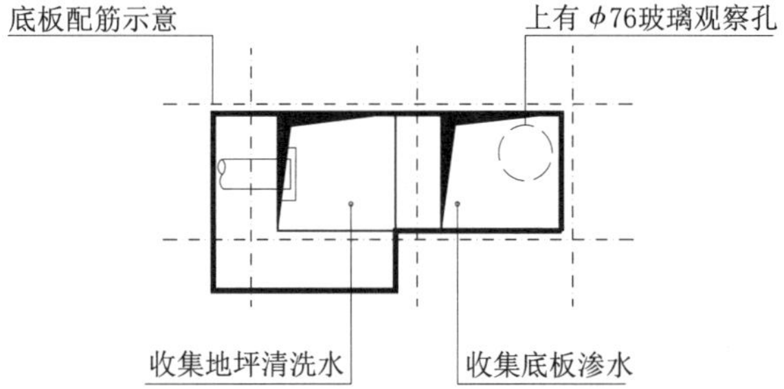

2-2 剖面

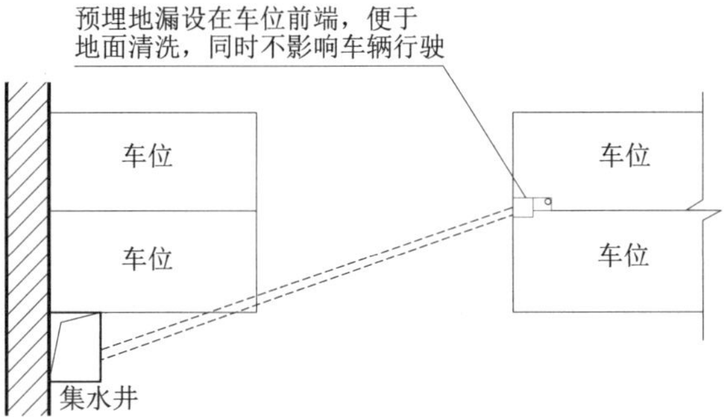

②预埋地漏位置建议参考图

说明：

1. 底板面层配筋双向绑扎后，可将预埋地漏箱体从钢筋空当中插入安装，套排水管。该做法遇具体工程与结构工程师配合深化。
2. 安装注意要点：
  （1）渗水收集箱上口与底板结构表面平；
  （2）由中空层安装单位提供深化图和预埋地漏，配合安装定位。
3. 预埋排水管可采用：
  （1）铸铁DN75排水管；
  （2）φ75镀锌钢管内壁涂两道防腐涂料；
  （3）φ75不锈钢管。

预埋地漏							图集号	2020沪S205
审核	金 骞	金骞	校对	毕敬媛	毕敬媛	设计	邹新建	邹新建	页码	22

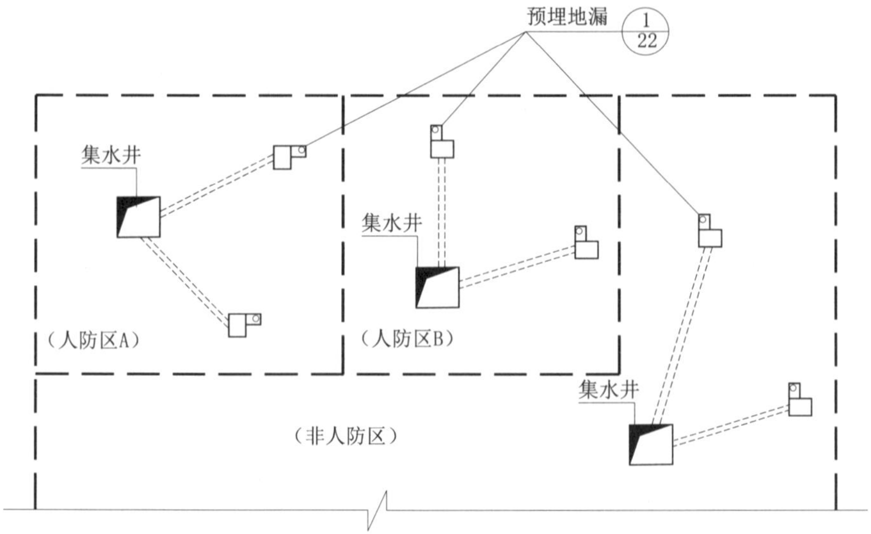

①底层有不同人防分区时，分区布置集水井与预埋地漏

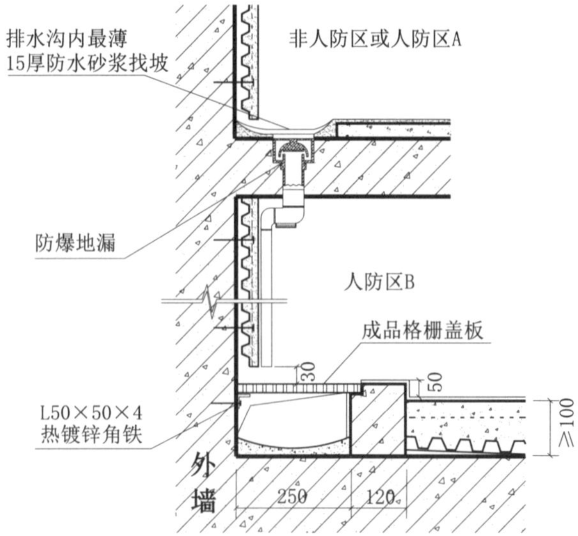

②上、下层为不同人防分区时，上层采用防爆地漏排水

说明:

1. 本页依据现行国家标准《人民防空地下室设计规范》GB 50038设计。
2. 底层有不同人防分区时，分区布置集水井与预埋地漏(图①)。
3. 上、下层为不同的人防分区时，上层采用防爆地漏排水（图②）。防爆地漏建议型号为FBFDDcr50(见国标图集《防空地下室给排水设施安装》07FS02)，相关构造设计由人防工程设计具体配合。

人防工程做法								图集号	2020沪S205
审核	金 骞	金骞	校对	毕敬媛	毕敬媛	设计	邹新建	页码	23

五、地坪设排水沟做法（排水方法二）

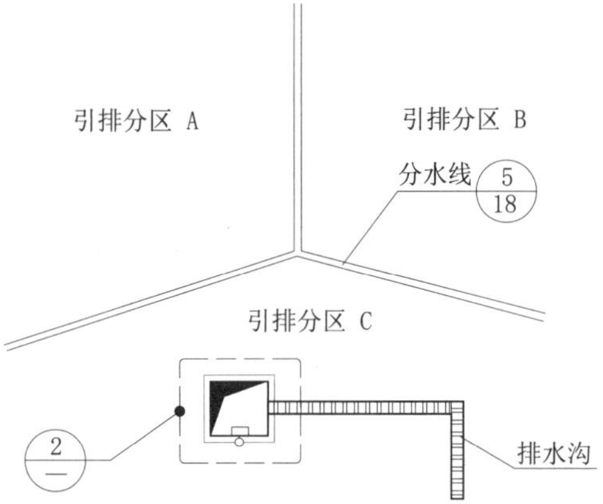

①集水井及排水沟布置示意图

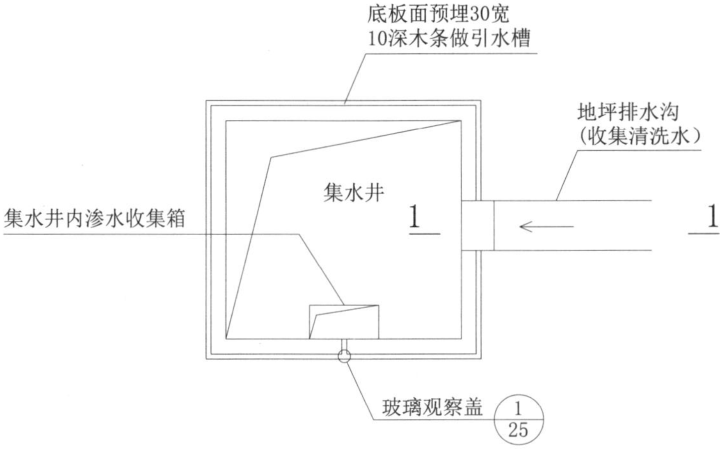

②集水井及周边放大图

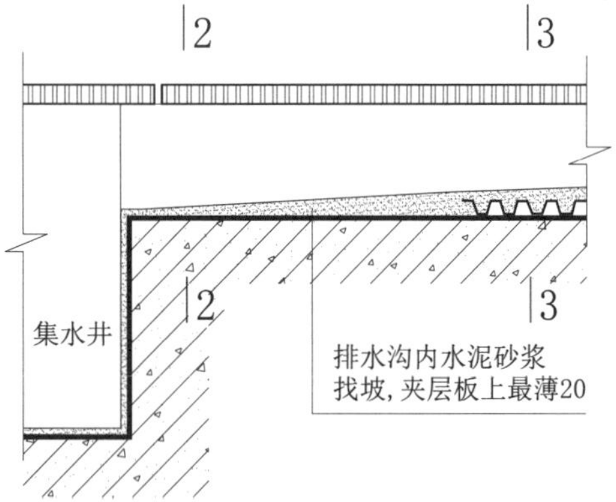

1-1 剖面图

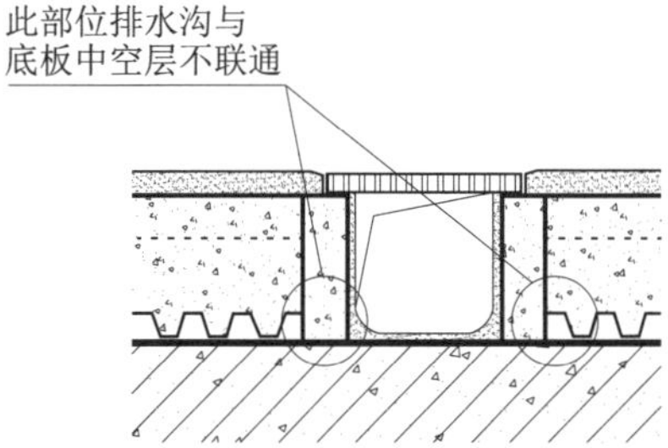

2-2 剖面图

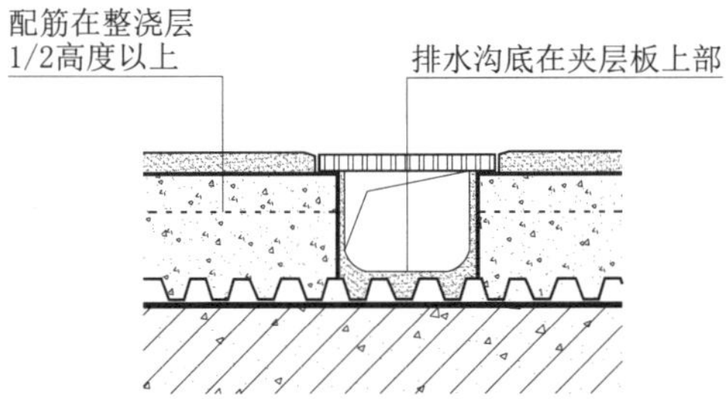

3-3 剖面图

说明：

1. 地坪排水沟设计不在图集范围内，以工程设计为准，本图仅为示意。
2. 地坪排水沟靠近集水井与中空层交界处，由施工总包单位和中空层施工分包单位配合施工。

地坪排水沟						图集号	2020沪S205
审核	金 骞	校对	毕敬媛	设计	邹新建	页码	24

六、玻璃观察盖与排水沟观察盖

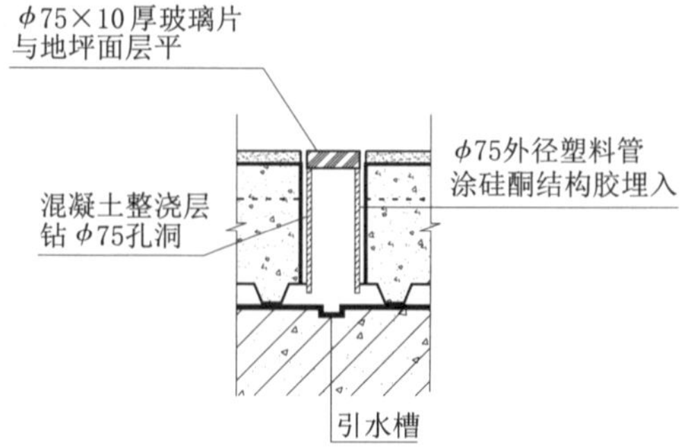

①玻璃观察盖
（安装在集水井边）

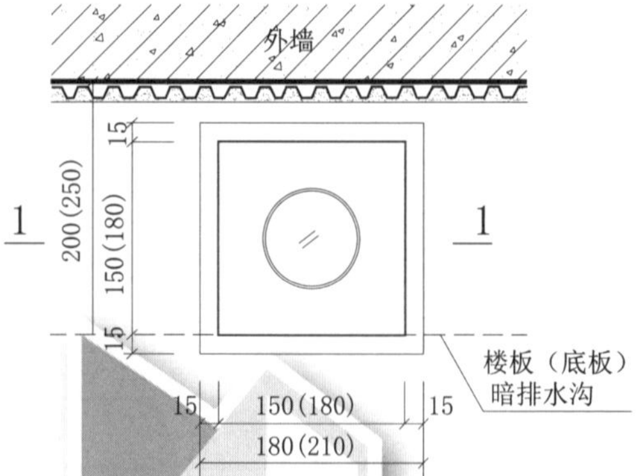

②排水沟观察盖
（括号内为底板排水沟尺寸）

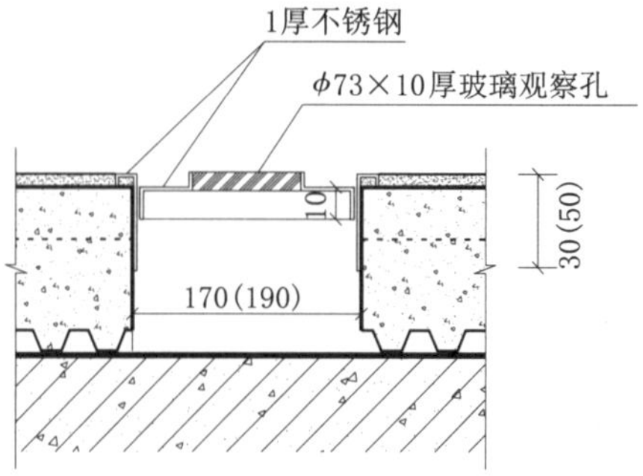

1-1 剖面
（括号内为底板排水沟尺寸）

说明：

1. 楼面排水沟不锈钢盖板规格：150（宽）×150（长）×10（厚），边框153（宽）×153（长）×30（厚）。
2. 底板排水沟不锈钢盖板规格：180（宽）×180（长）×10（厚），边框183（宽）×183（长）×50（厚）。

玻璃观察盖与排水沟观察盖								图集号	2020沪S205
审核	金 骞	金骞	校对	毕敬媛	毕敬媛	设计	邹新建	邹新建	页码 25

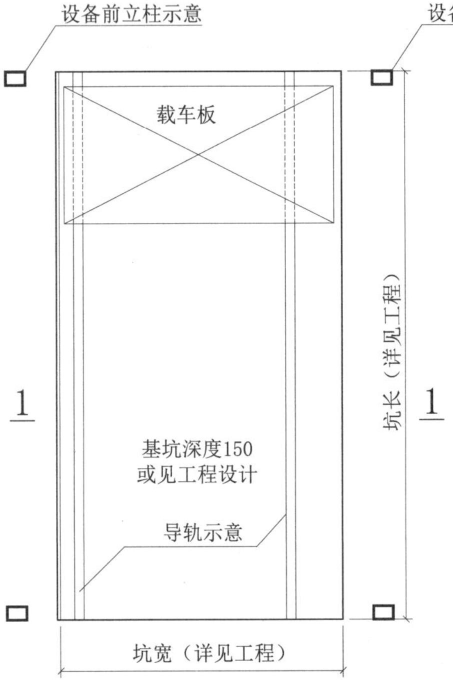

①机械车位平面示意图

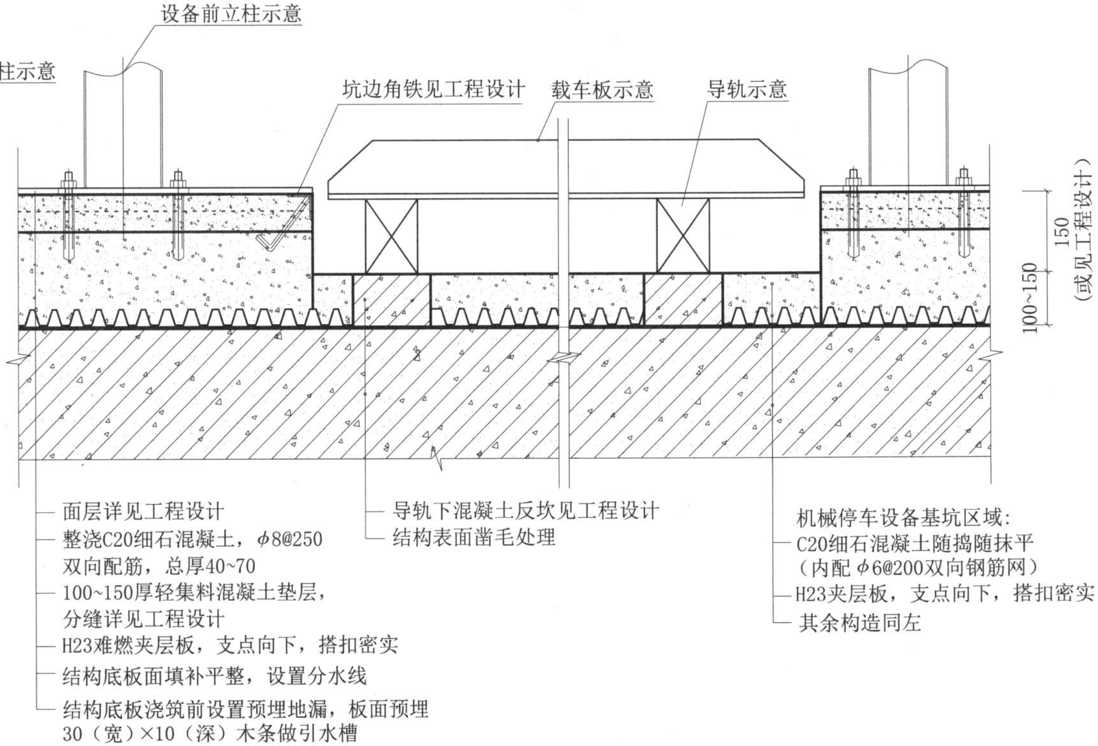

1-1 剖面

机械停车设备区底板中空层						图集号	2020沪S205
审核	金 骞	校对	邹新建	设计	贾京涛	页码	26

七、结构渗漏水观察方法

结构渗漏水观察可采用两种方式。

1. 一般工程可采用人工观察:按图集做法，在结构底板面用分水线划分出不同的结构渗水引排分区，每个分区通过引水槽将结构渗水引排至结构渗水收集箱，进行人工观察。

2. 有特殊要求的地下工程，可采用电子仪表监控或通过物联网监控结构渗水收集箱内的水位变化。

每隔半年对结构渗水收集箱情况作记录，连续5年直至结构稳定。

表4 结构渗漏水观察方法

序号	构件组成	监控方法
1	水泥砂浆分仓脊线	人工观察
2	结构表面切割引水槽	
3	玻璃观察盖	
4	渗水收集箱	
5	传感器	电子仪表监控
6	数字显示仪	
7	远程监控系统	物联网监控，自动报警
8	楼宇智能化系统	

注：根据工程情况选用。

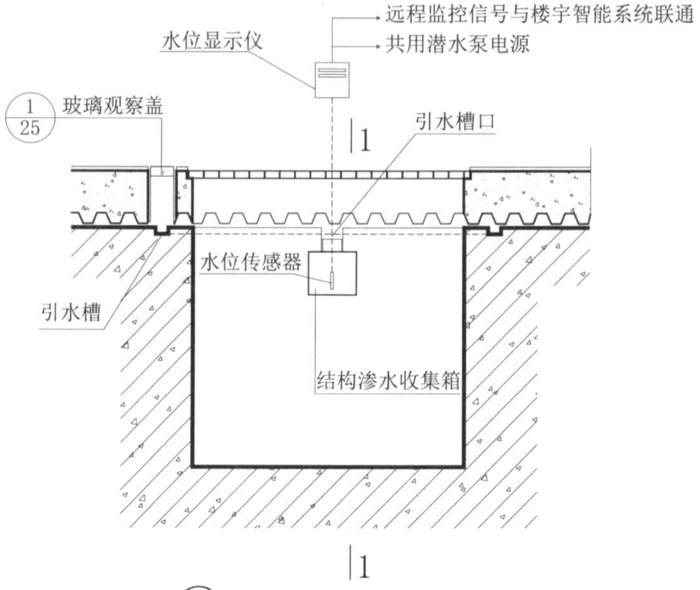

①集水井立面

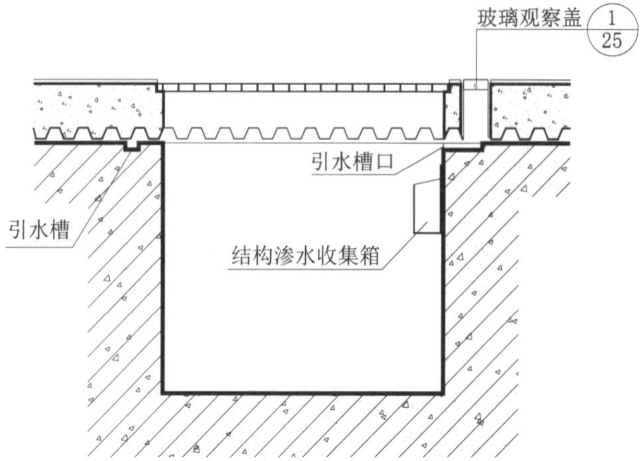

1-1 剖面图

结构渗漏水观察方式							图集号	2020沪S205
审核	金 骞	金骞	校对	毕敬媛	毕敬媛	设计	邹新建	邹新建	页码	27

八、地铁站台及隧道工程中空层做法

在地铁站、隧道等有公共人流的部位以及对室内防水、防潮有要求的部位，可采用中空层做法。

地铁及隧道工程底板设有纵向坡度，可利用该纵坡将地坪清洗水和结构渗水分段引排至集水井，排水沿线设玻璃观察盖。

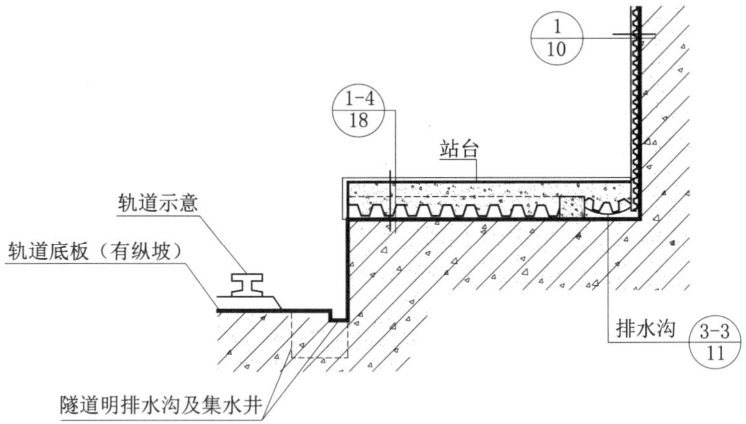

1-1 剖面图

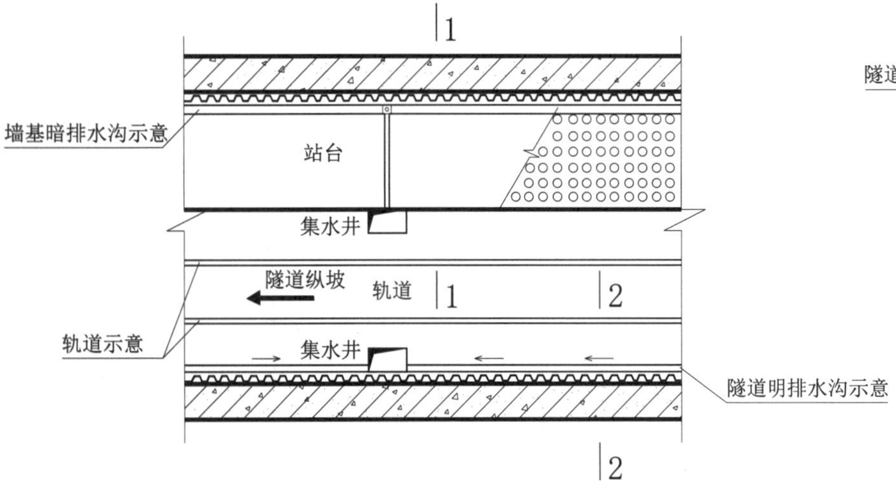

① 地铁站台及隧道工程平面示意图

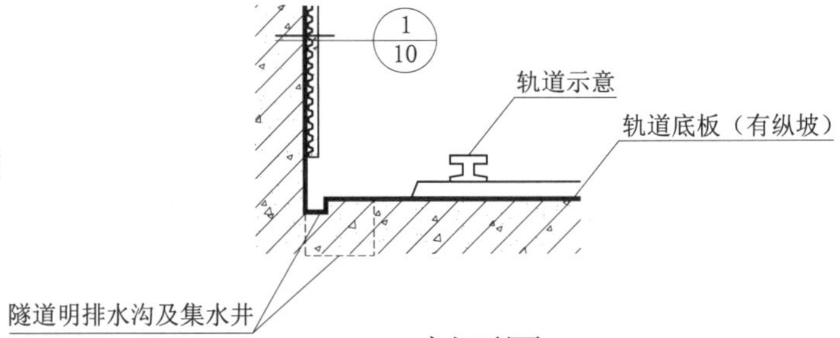

2-2 剖面图

地铁站台及隧道工程中空层做法							图集号	2020沪S205
审核	金 骞	金骞	校对	毕敬媛	毕敬媛	设计	邹新建	邹新建	页码	28

地下工程顶板分段找坡排水系统

一、构造做法（按工序）

1. 绘制地下室顶板分段找坡布置图，将顶板划分为每段10m~15m宽条状分区。

2. 地下室顶板防水层、隔离层铺设完成后，根据分段找坡布置图在隔离层上安装塑料护槽，纵向找坡不小于0.2%（见$\frac{1-1}{—}$）。

3. 在条状分区内，沿塑料护槽边缘满浇轻质混凝土保护层兼找坡层，最薄40mm，中间抬高50mm做横坡，坡向塑料护槽（见$\frac{1}{30}$）。

4. 在混凝土保护层上满铺H16或H23夹层板，顺坡搭扣一个支点；在塑料护槽中放入ϕ100软式透水管（见第7页表2及$\frac{1}{30}$），上盖300mm宽塑料薄片，满铺土工布（300g/m²），在300mm宽塑料片上浇500mm宽100mm厚素混凝土保护层。

5. 上部绿化、覆土、道路见工程设计。

二、技术说明

夹层板采用H16/H23型号，施工中须先覆土再行驶施工车辆。H16/H23型夹层板最小自身抗压强度150kPa（见第6页表1），同时覆土及道路具有荷载扩散作用，故夹层板可承受上部消防车荷载。

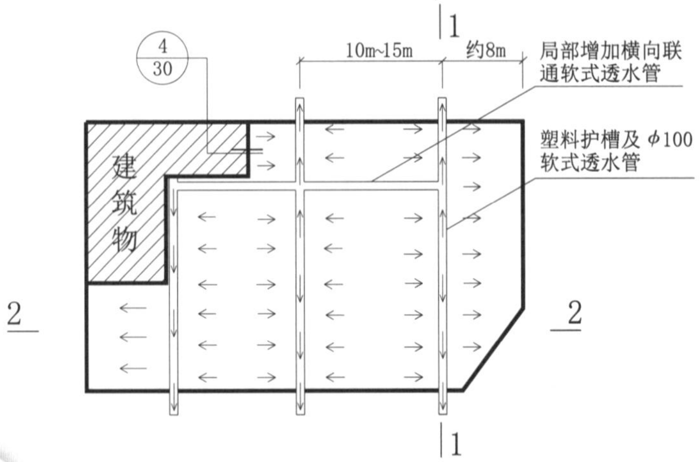

② 地下工程顶板分段找坡平面示意图

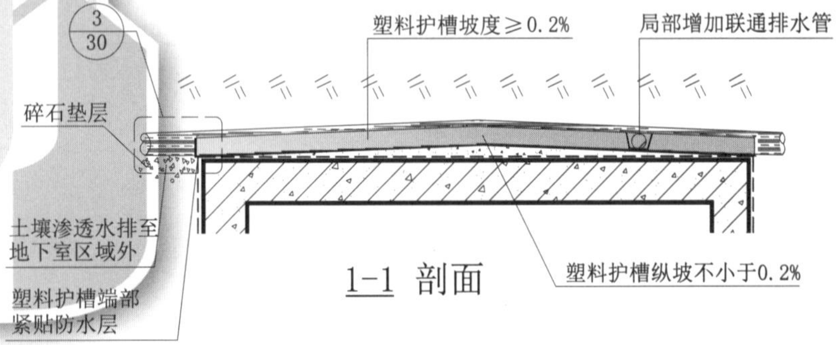

1-1 剖面

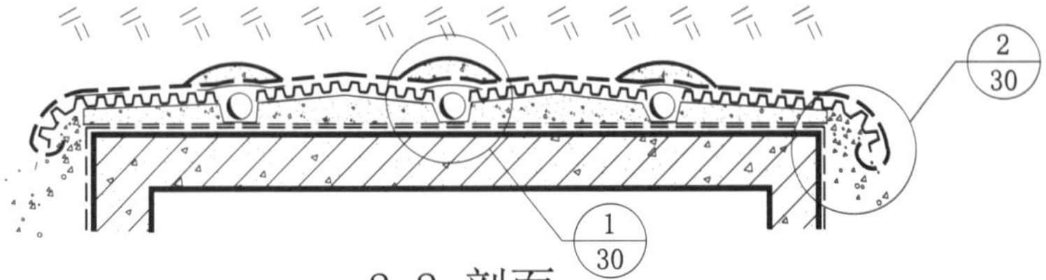

2-2 剖面

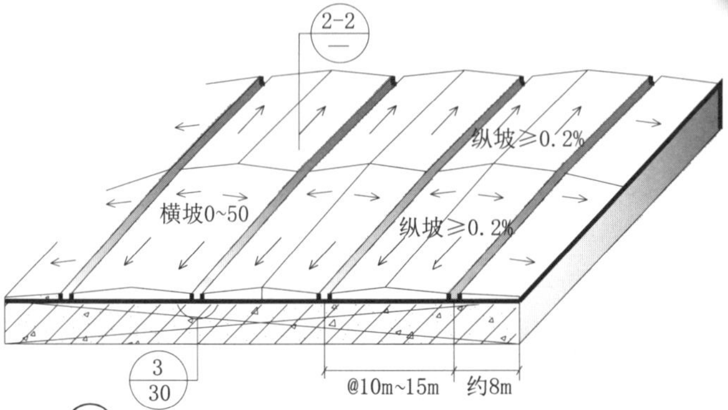

① 地下工程顶板分段找坡示意图

地下工程顶板分段找坡排水系统做法说明						图集号	2020沪S205
审核	金 骞	校对	毕敬媛	设计	邹新建	页码	29

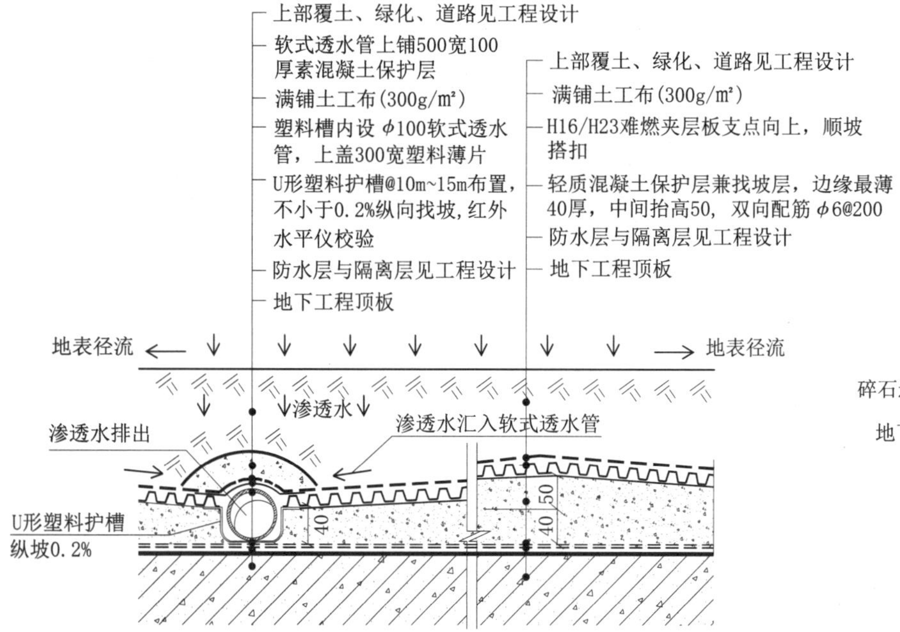

① 顶板分段找坡构造

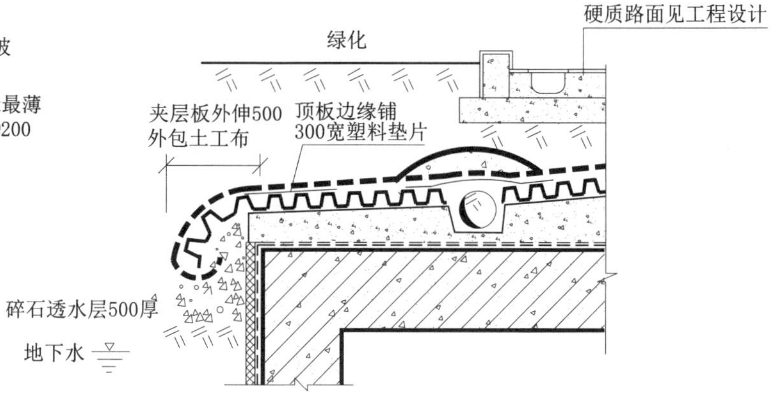

② 顶板边沿

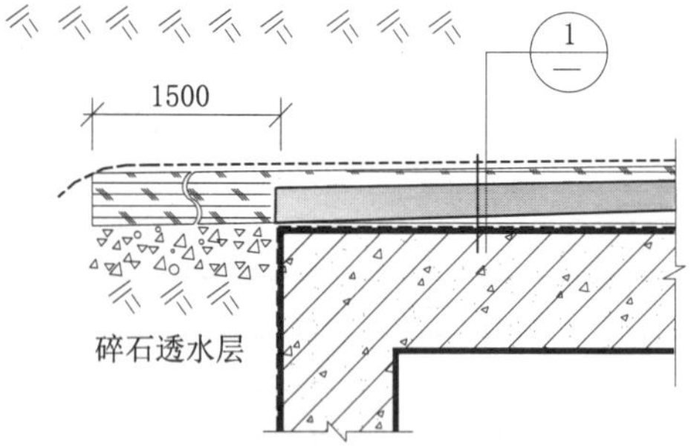

③ 软式透水管伸出顶板边沿

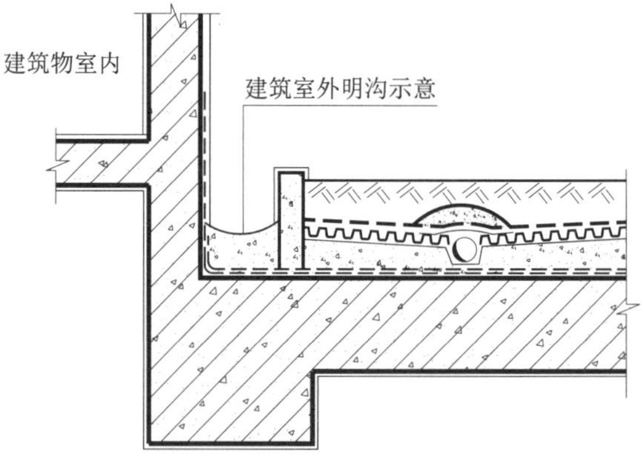

④ 建筑室外明沟处节点

地下工程顶板分段找坡排水系统节点							图集号	2020沪S205
审核	金 骞	金骞	校对	毕敬媛	毕敬媛	设计	邹新建	邹新建	页码	30

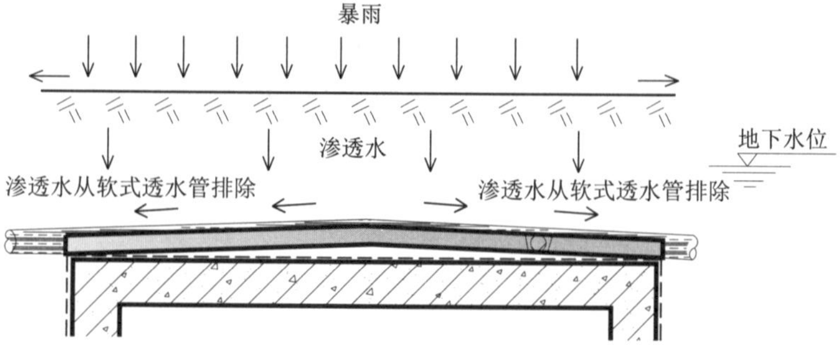

① 顶板低于地下水位，排除渗透水示意图

说明：无论地下室顶板在地下水位之上，还是之下，在暴雨时顶板区域与地下室外围区域都存在水位差。快速排除顶板上部渗透水，消除水压力，是提高暴雨时顶板防水质量的补充措施。

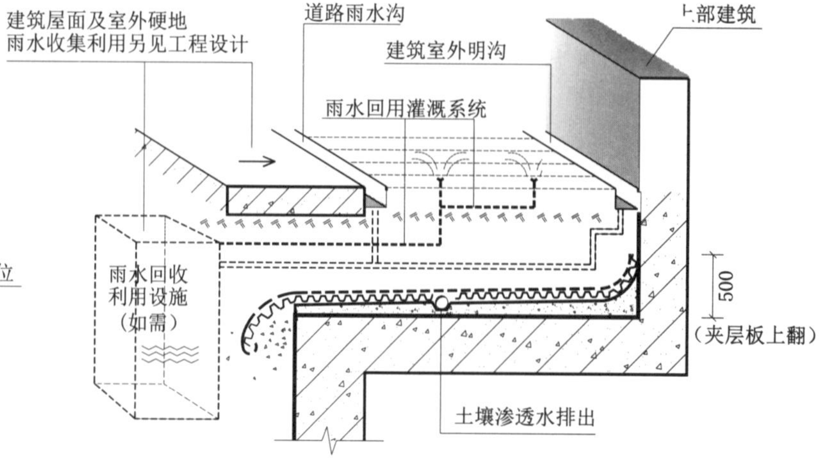

② 土壤渗透水排水和室外硬地排水示意图

说明：土壤渗透水排水和室外硬地（含屋面雨水）排水是两个并行系统，对雨水的回收利用一般仅指后者。

既有建筑渗漏修缮和通风中空层做法

一、地下工程渗漏修缮做法

1. 根据水渍部位排查渗漏水来源，凿除渗漏部位的墙面粉刷层或地坪面层，针对渗漏工况，依据现行行业标准《地下工程渗漏治理技术规程》JGJ/T 212提供的施工方案进行渗漏修补。

2. 做外墙和底板中空层提高室内隔潮、防水质量，并设渗漏观察构造系统便于后期检修。

（1）方案一：针对渗漏部位局部设置中空层。

（2）方案二：对既有结构外墙和底板整体设置中空层，做法参见地下工程外墙中空粉刷层、地下工程底板中空层两章节。

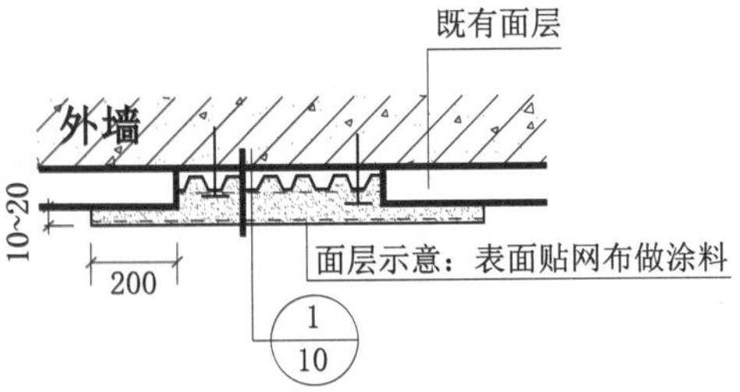

①结构外墙局部做中空层

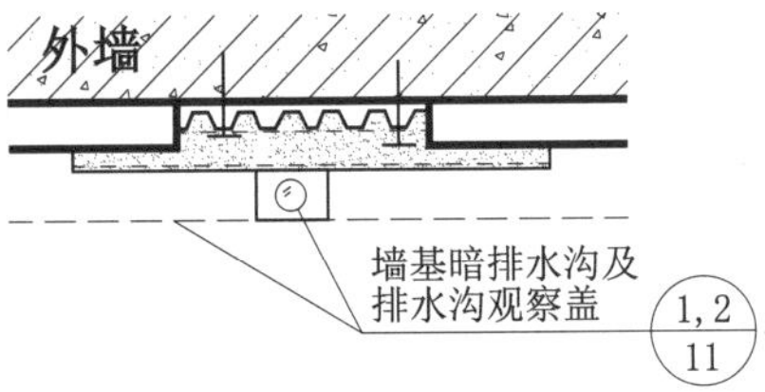

②墙基做暗排水沟

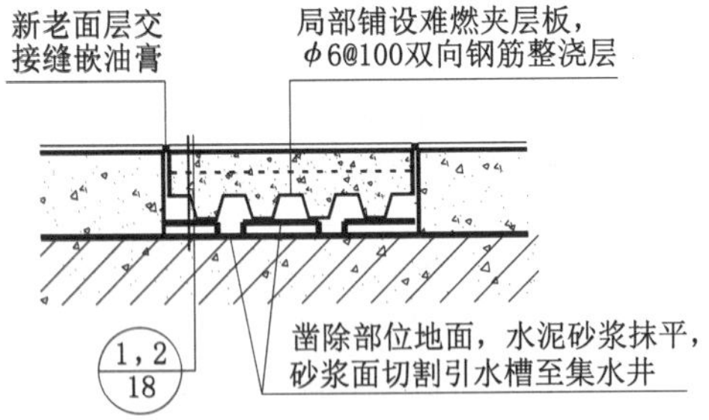

③底板局部做中空层

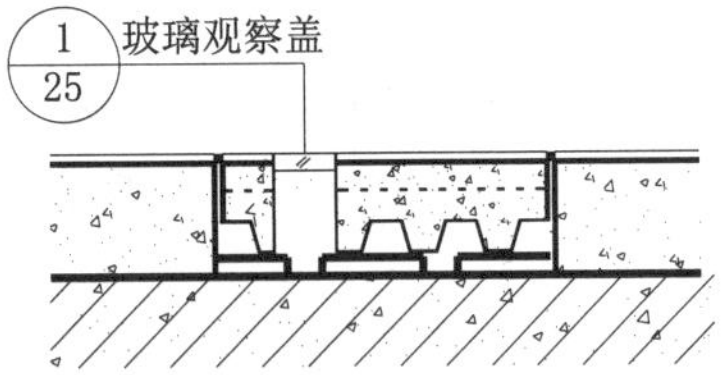

④底板中空层观察盖

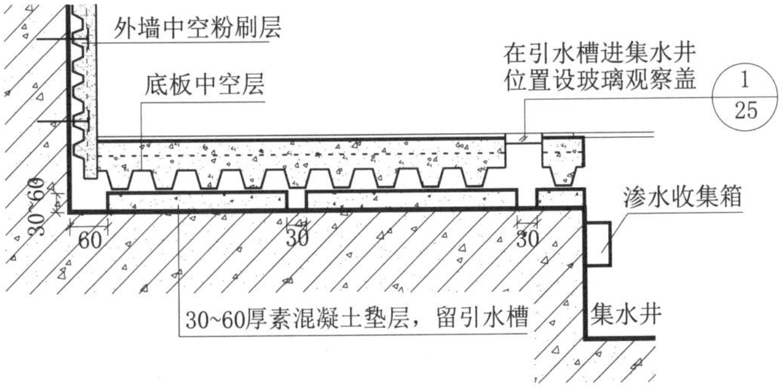

⑤既有结构外墙和底板整体设置中空层示意图

二、地下工程通风中空层做法

对于防潮要求高的地下房间，可采取通风中空层做法，该做法需与暖通工程师、设备供应商等合作进行深化设计。

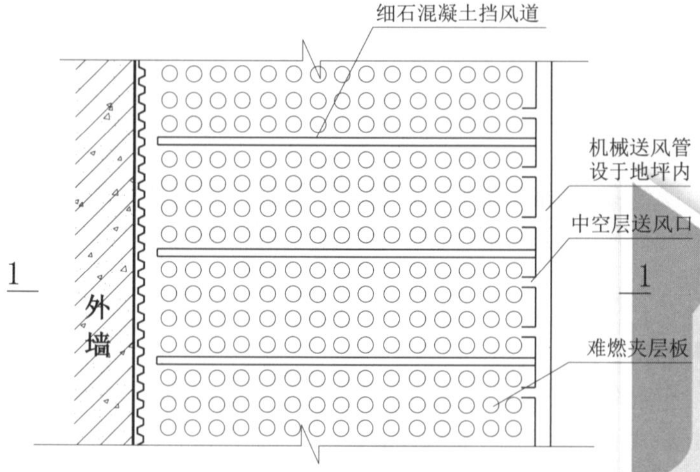

①通风中空层平面示意图

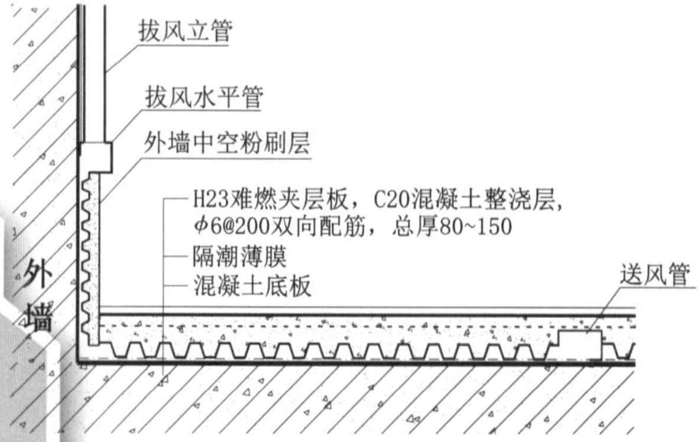

1-1 剖面

地下工程通风中空层做法								图集号	2020沪S205
审核	金 骞	金骞	校对	毕敬媛	毕敬媛	设计	邹新建	页码	33

附录一　术语

难燃夹层板

采用燃烧等级为B1的硬质PVC材料制作，有杯形支点，常用支点高度10mm、16mm、23mm、38mm，用作地下工程底板和外墙中空层模板，兼有隔潮作用。

引排分区

为便于排查结构渗漏水部位，各层结构外墙面内侧以8m~15m区间设一个观测分区；结构底板面建议根据集水井按800m²~1200m²分区。分区间用分水线分隔。

引水槽

在结构底板面采用预埋木条或切割方式做出沟槽，使底板渗漏水按指定路线引排进入集水井内的渗水收集箱。

地坪清洗水和结构渗水组合收集箱（简称预埋地漏）

指预埋在结构底板中的不锈钢组合箱，共2个箱体，分别收集地坪清洗水、消防水以及结构渗水，适用于排水方法（一），自带玻璃观察孔，便于观察结构渗水情况。

结构渗水收集箱

悬挂于集水井内的用于收集结构渗漏水的不锈钢收集箱，渗漏水通过结构底板面的引水槽导流汇入。

玻璃观察盖

在引水槽上部的中空地坪安装 ϕ75塑料管和玻璃片，方便观察底板渗漏水情况，安装在集水井周边。

排水沟观察盖

设在楼面墙基暗排水沟的地漏位置和底层墙基排水沟通往集水井转折处，掀开可进行局部检修，盖板上设有玻璃观察孔。

塑料护槽

布置在地下工程顶板防水层上的U形PVC塑料槽板排水沟，用于承托软式透水管，便于精确找坡，布置间距@10m~15m。

分段找坡排水系统

将地下室顶板用塑料护槽和软式排水管组成的排水沟分段，分别找坡，减少找坡厚度，排出土壤渗透水，减少防水层的水压力。

附录二　图集编制背景

发生在地下工程结构表面的湿渍、渗漏通过地坪面层和墙面粉刷传导至室内表面出现渗漏，是建筑构造较难解决的问题。

2002年本市推出建筑产品推荐性应用图集《建筑夹层塑料板防排水构造》（2002沪J/T 301），首次提出在建筑地下室内设置中空粉刷层和中空地坪的构造做法。在此后10多年中，该图集被大量应用于地下车库、地下商场、银行地下金库和地下贵重物品保险库、地铁站，以及既有地下工程的渗漏修缮等工程。图集的构造做法使地下工程结构的渗漏水通过中空层排出，室内装修表面不被湿渍影响，提升了地下工程室内防潮质量。经10多年的项目施工回访，中空层均表面完好，无渗漏湿渍。

随着上海地下空间的不断扩大利用，建筑防水业内专家提出了更高技术要求，希望地下工程的渗漏情况可监控和便于维修。为此，近年来结合工程实践，将前述图集技术进行了创新升级，并将技术总结归纳编制成本版图集，其技术特点主要有以下几方面：

1.将地下结构渗漏水分两类治理：少量渗漏水在中空层中自然汽化，混凝土裂缝自愈修复，较大的渗漏水则引流至渗水收集箱。

2.将地下工程外墙内表面和结构底板表面划分为多个引排分区，分别设置渗水收集箱，通过玻璃观察盖查看是否有渗水流入，再通过工业窥视镜查找裂缝位置。

3.对大面积的地下工程顶板采用分段找坡，降低整体找坡高度，有利快速排除场地积水，减小顶板防水压力。

4.中空夹层板采用耐火等级为B1级的硬质PVC材料制作，提高了施工和使用中的防火安全性。

本图集技术是地下工程防水质量达到验收标准后的补充措施，提升地下工程室内的隔潮、防水质量，便于及时发现渗漏和裂缝查找，为地下工程长期防水质量提供方便维修的条件。

附录三　模型与实样

1. 地下工程外墙和底板中空层分解

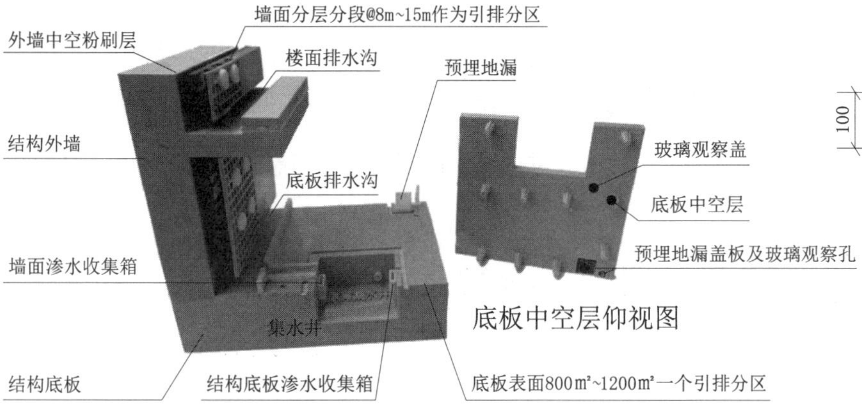

底板中空层仰视图

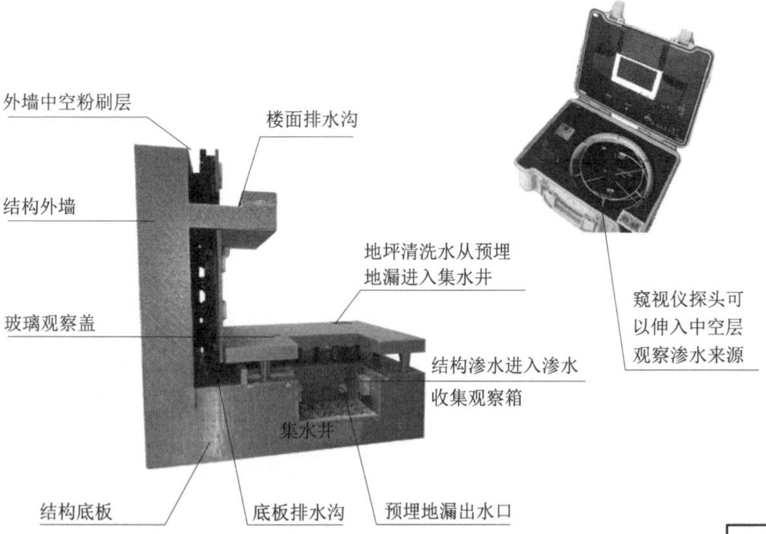

2. 底板中空层（以100厚中空层为例）和玻璃观察盖实样

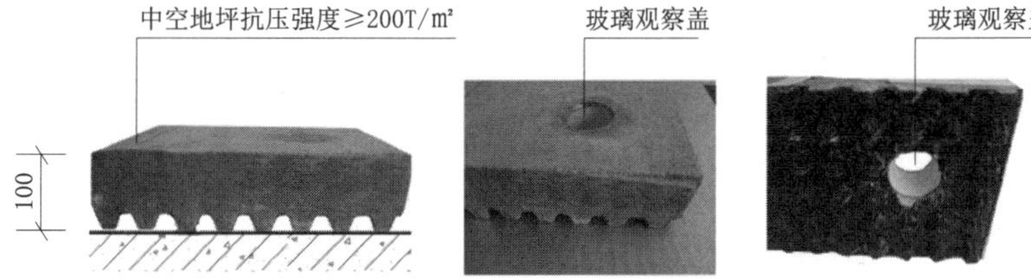

3. 排水沟观察盖（实样）

地下室底板、楼面墙基排水沟

排水沟观察盖（楼面）

排水沟观察盖（底板）

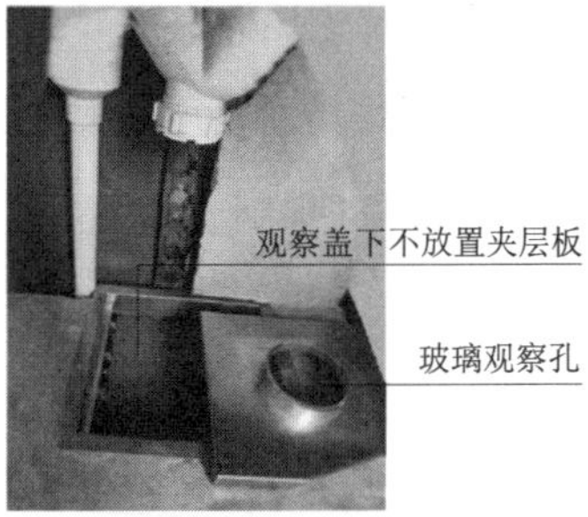

排水沟观察盖

附录三　模型与实样								图集号	2020沪S205
审核	金　骞	金骞	校对	韩瑨玚	韩瑨玚	设计	邹新建	邹新建	页码 36

4. 预埋地漏实样（排水方法一）

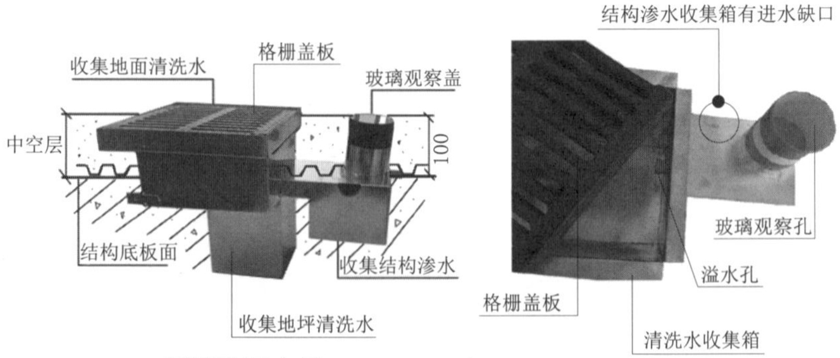

预埋地漏实样

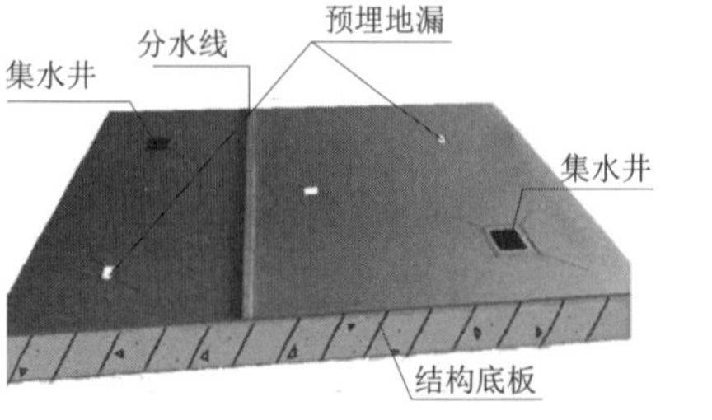

结构底板面模型（标高H-0.10m）

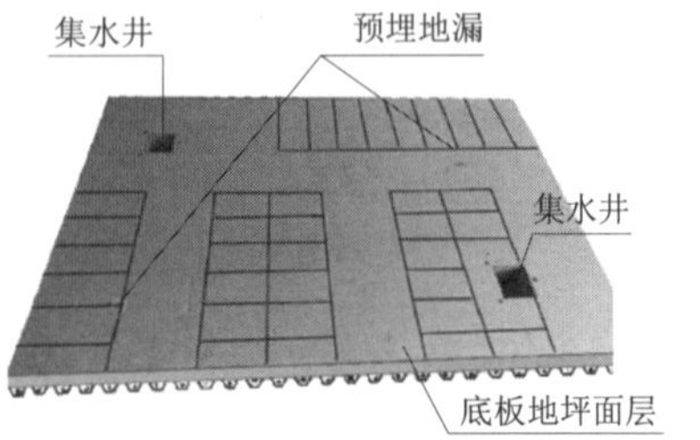

地下室地坪表面模型（标高H）

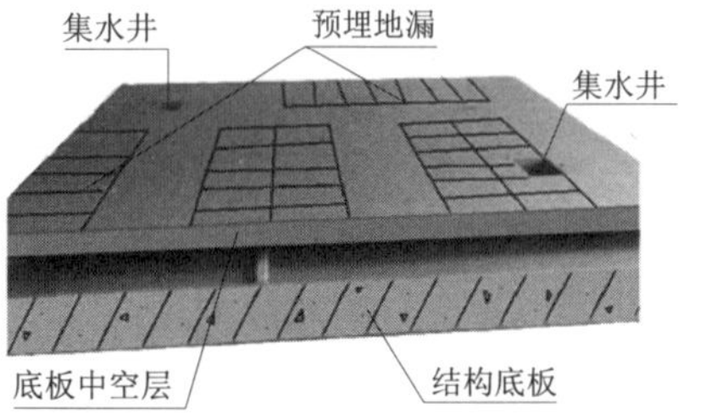

结构底板与底板中空层组合一体模型

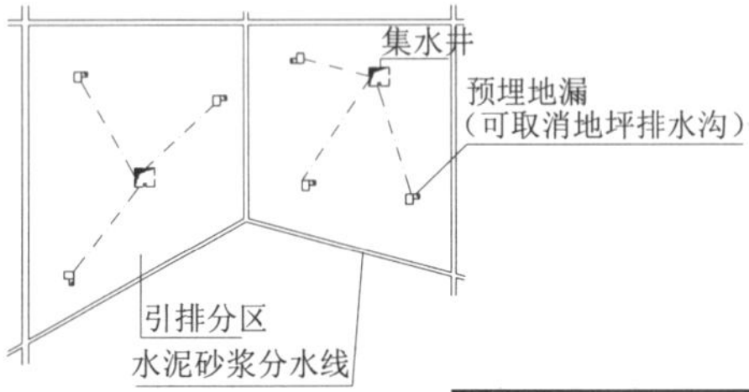

5. 地下工程顶板分段找坡排水系统实样和模型

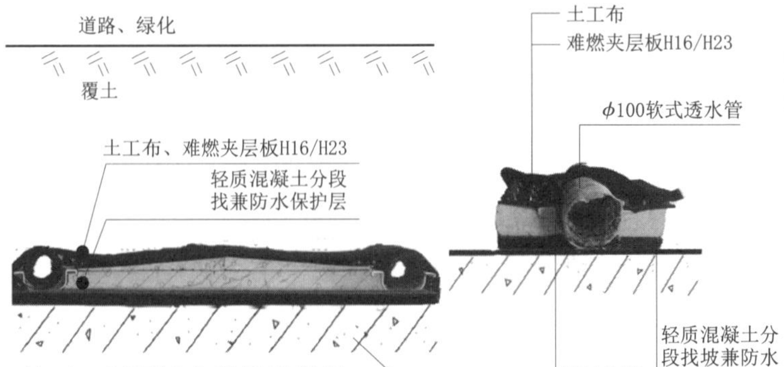

地下工程顶板分段找坡做法

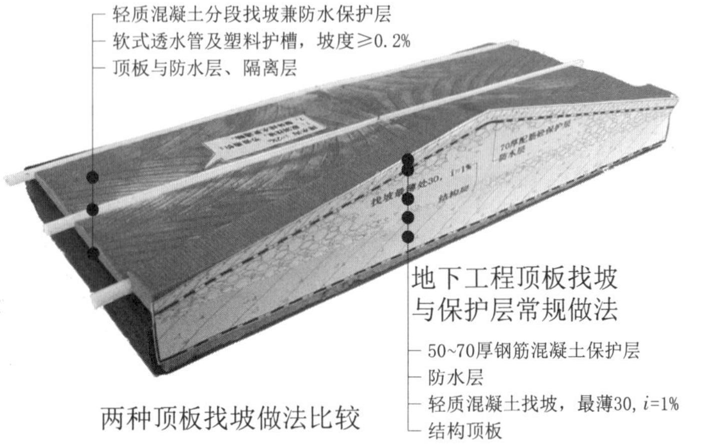

两种顶板找坡做法比较